国家级实验教学示范中心联席会计算机学科规划教材
教育部高等学校计算机类专业教学指导委员会推荐教材
面向"工程教育认证"计算机系列课程规划教材

大学计算机应用能力实训教程

崔舒宁　贾应智　杨振平　谢涛　薄钧戈　张小彬　编著

清华大学出版社
北京

内 容 简 介

本书包含 C#窗体程序开发、MFC 游戏编程、单片机应用开发、网上订餐系统、医院管理系统共 5 个实训项目，目标是通过实训提高学生的程序编写能力和软件开发能力。

本书适于作为高等院校非计算机专业的本科生教材，也可以供对软件开发感兴趣的读者自学参考。

图书在版编目（CIP）数据

大学计算机应用能力实训教程/崔舒宁等编著. —北京：清华大学出版社，2017
（面向"工程教育认证"计算机系列课程规划教材）
ISBN 978-7-302-47547-7

Ⅰ. ①大…　Ⅱ. ①崔…　Ⅲ. ①电子计算机-高等学校-教材　Ⅳ. ①TP3

中国版本图书馆 CIP 数据核字（2017）第 126513 号

责任编辑：付弘宇　薛　阳
封面设计：刘　键
责任校对：时翠兰
责任印制：沈　露

出版发行：清华大学出版社
　　　　　网　　　址：http://www.tup.com.cn, http://www.wqbook.com
　　　　　地　　　址：北京清华大学学研大厦 A 座　　　邮　　编：100084
　　　　　社 总 机：010-62770175　　　　　　　　　　邮　　购：010-62786544
　　　　　投稿与读者服务：010-62776969，c-service@tup.tsinghua.edu.cn
　　　　　质 量 反 馈：010-62772015，zhiliang@tup.tsinghua.edu.cn
　　　　　课 件 下 载：http://www.tup.com.cn,010-62795954
印 装 者：北京国马印刷厂
经　　销：全国新华书店
开　　本：185mm×260mm　　　印　张：17.25　　　字　数：419 千字
版　　次：2017 年 8 月第 1 版　　　　　　　　　印　次：2017 年 8 月第 1 次印刷
印　　数：1～2500
定　　价：39.50 元

产品编号：071918-01

序 言

随着互联网技术和信息技术的快速发展，利用"互联网+"和"信息+"技术对传统产业进行升级换代变得日益迫切。面向全体大学生开展的计算机基础教学是高等学校培养学生互联网思维和信息思维的重要方式和手段。通过大学计算机基础教学中的课堂教学和实验过程，学生能够有效掌握计算机的基础知识，并能够初步利用计算机和互联网知识来解决本专业领域的实际问题。然而，由于传统工科专业的更新换代和各种新工科专业（如物联网、大数据、智能科学等）的涌现，学生仅仅获得计算机基础知识还不足以适应大学生所在专业的快速发展，引入计算机新知识、获取计算机新技能已经成为大学计算机基础教学阶段必须解决的迫切问题。

西安交通大学从 2015 年开始，利用暑期小学期，面向全体本科生开展计算机应用能力集中实训。目标是通过集中实训将大学计算机的基础知识融会贯通，达成大学生计算机应用能力的有效提升。

西安交通大学的"暑期小学期计算机应用能力集中实训"采用"个性化、模块化、差异化"方法构建实践教学体系，采用"以学为主，集中训练、强化出口"实践模式。通过引进企业讲师，采用"企业讲师+本校教师+研究生辅导"的1+1+1的"教、学、练"三位一体方式，选择具有企业应用背景的实际应用项目，进行集中训练，提升学生的复杂文档处理能力、软件编程能力和应用开发能力。两年的集中实训效果表明，大学生的计算机应用能力得到了实质性提升，在面对本专业的复杂工程问题时，利用计算机进行求解时不再有畏难情绪。

本书是专门配合"暑期小学期计算机应用能力集中实训"项目而编撰的实践教学参考书。该书是在 2015 和 2016 两年的集中实训的基础上进行提炼的，并根据学生的个性化需求和专业差异，设置了 5 大类实训项目（Web 网站开发、单片机应用开发、C++游戏开发、C#音频播放器开发和医学诊疗系统开发）。本书的正文部分对这些实训项目进行了需求分析和概要设计，给出了这些项目的具体设计过程、界面设计和代码实现；附录部分给出了这些项目设计中需要使用的共性技术，方便学生编程参考和学习。

本书结构合理、论述清楚，是一本难得的以项目为导向的计算机应用能力实训教材，不仅可以作为集中实训学生的参考书，也可以作为大学生参加程序设计竞赛、开展项目研发的课外辅导书。

桂小林 教授

于西安交通大学计算机教学实验中心

2017 年 6 月

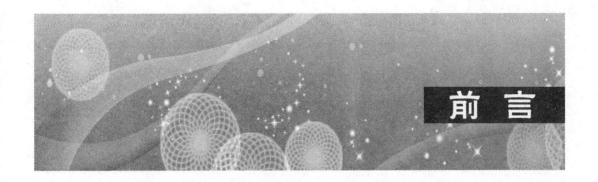

前　言

　　当今社会计算机和网络技术高速发展，计算机的应用已深入各个领域，计算机操作和应用能力已成为当代各专业大学生都应熟练掌握的一项基本技能。但是，大多数非计算机专业的学生在程序设计能力的培养上，重点在于对语法的掌握，这距离编写优良的程序或者进行小型的软件开发都还有一定的距离。

　　计算机课程是一门实践性和操作性很强的课程，注重学生动手能力的培养是计算机教学的突出特色之一。为此，西安交通大学在全校范围的一年级本科生中开设了小学期计算机程序设计能力和应用能力实训课程，目标是通过实训提高学生的程序编写能力和软件开发能力。

　　经过两年的实践，笔者将实训过的项目进行精心挑选，形成了本教材。本教材集中了5个实训项目：①C#窗体程序的开发。这个项目面向那些基本没有程序设计经验和完整学过程序设计课程的学生，目标是通过项目培训具有基本的程序开发能力。②MFC游戏编程。面向学习过C++的学生，目标是通过该项目进一步掌握Windows编程。③单片机的应用开发。面向学习过C语言的学生，目标是利用学过的知识，做一些单片机的应用开发。④网上订餐系统。这是一个C#开发的Web项目，面向已经学习过C#语言的学生。⑤医院管理系统。面向医学院的学生，这是一个C#开发的Web管理系统。

　　学生用集中的2周时间来完成其中的一个项目。每天进行大约6个小时的实训，通过共大约60个小时的实训来进一步提高编程能力和计算机的应用能力。全书共分5章，分别对应上述5个项目。本书同时提供3个附录，分别介绍MFC编程、C#编程和HTML+CSS编程。

　　本书由崔舒宁（第2章和附录A）主编，杨振平编写第1章和附录B，薄钧戈编写第3章，谢涛编写第4章和附录C，贾应智编写第5章。全书由张小彬统稿。西安交通大学电信学院桂小林教授审阅了全部书稿并提出了宝贵的意见。由于本书编写时间紧张，疏漏错误之处请广大读者指正。联系邮箱：cuishuning@sina.com。

　　本书的配套课件与源代码可以从清华大学出版社网站www.tup.com.cn下载，资源下载与使用中的问题请联系 fuhy@tup.tsinghua.edu.cn。

崔舒宁

2017年4月

目　录

第 1 章

音乐播放器设计

本章将使用 C#开发一个音乐播放器。该软件利用 WMP 组件，实现的功能包括播放、暂停、上一曲、下一曲、播放进度控制、音量控制、歌词显示以及皮肤更换等。设计过程分为基本 WMP 组件的使用和个性化音乐播放器设计。本章还介绍了 WMP 媒体播放器类相关知识以及编程中的一些关键技术。有关 C#编程的基础知识，请参看本书附录 C。

1.1 环 境 准 备

C#中没有提供用于播放 MP3、WAV 等音频文件的类，要编写播放音频文件的程序，需使用由第三方提供的控件或类，如 DirectX、Microsoft Speech Object Library、SoundPlayer 以及 Windows Media Player 等。其中 Windows Media Player(媒体播放器，WMP)是 Windows 提供的一种 COM 组件，专门用于制作音视频播放器软件。本章选择使用 WMP 开发音乐播放器。下面首先搭建 WMP 的使用环境。

1.1.1 在工具箱中添加 WMP 组件

在 Visual Studio（简称 VS）工具箱中，默认情况下是没有 WMP 组件的，可以直接在工具箱中添加该组件，步骤如下。

（1）启动 Visual Studio 2013，创建 Visual C# Windows 窗体应用程序项目，在 VS 窗体左侧工具箱中选择"常规"菜单项，出现级联菜单，如图 1-1 所示。

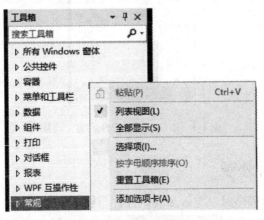

图 1-1 添加控件

（2）选择菜单"选择项"，在"选择工具箱项"对话框中选择"COM 组件"标签页，并选中 Windows Media Player，如图 1-2 所示。

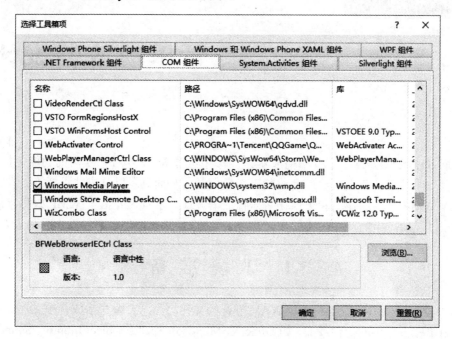

图 1-2 "选择工具箱项"对话框

（3）单击"确定"按钮，Windows Media Player 组件将出现在工具箱的"常规"栏目中，如图 1-3 所示。

图 1-3 添加 WMP 控件后的工具箱

1.1.2 WMP 组件外观

在设计音乐播放器程序时，与添加其他控件一样，将工具箱中 WMP 组件添加到应用程序窗体中。双击 WMP 组件 ▶ Windows Media Player，使用默认控件布局模式（Full），适当调整大小后，WMP 组件外观如图 1-4 所示。

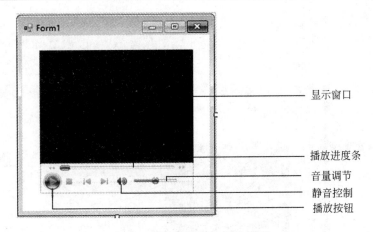

显示窗口

播放进度条
音量调节
静音控制
播放按钮

图 1-4 媒体播放器组件的外观

从图 1-4 可以看出，最上面是显示窗口，用于显示媒体文件播放画面；窗口下面是进度条，用于显示媒体文件的播放进度；进度条下面是播放按钮和音量调节滑杆，从左至右依次为：播放/暂停、停止、上一曲、下一曲、静音控制和音量调节。

axWindowsMediaPlayer 为媒体播放器类，所在名字空间为 AxWMPLib。当添加第一个 WMP 组件时，默认的媒体对象名为 axWindowsMediaPlayer1。

WMP 组件类最常用的属性如下。

（1）Visible：设置控件是否可见，默认值为 True（可见）。

（2）URL：设置媒体播放器播放的路径或地址。

（3）settings.autoStart：设置是否自动播放，默认值为 True（自动播放）。

（4）settings.mute：设置是否静音，默认值为 False（非静音）。

WMP 组件类最常用的控制方法如下。

（1）Ctlcontrols.play()：播放。

（2）Ctlcontrols.pause()：暂停。

（3）Ctlcontrols.stop()：停止。

WMP 组件类最常用的事件如下。

（1）Enter()：窗体加载成功时激活。

在该事件代码中，可通过单击播放按钮，实现播放 URL 所指定的媒体文件（这时的 autoStart 属性值为 False）。

（2）ClickEvent()：单击播放器显示区或按钮时激活。

如果在该事件代码中实现媒体播放，播放器已准备就绪，再次单击播放按钮，将会播放 URL 指定的媒体文件（这时的 autoStart 属性值为 False）。

（3）PlayStateChange()：播放器状态改变时激活。

1.1.3 最简单的音乐播放器设计

例 1-1 编写播放歌曲"亲吻祖国.mp3"的程序。歌曲存放路径：e:\歌曲\亲吻祖国.mp3。设计步骤如下。

（1）添加媒体播放器。

将 WMP 组件拖到主窗体上，默认的播放器对象为 axWindowsMediaPlayer1，如图 1-5 所示。

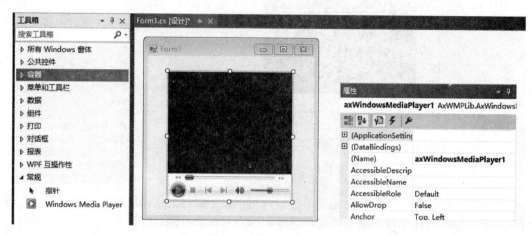

图 1-5　例 1-1 窗体设计界面

（2）添加播放代码。

在设计窗口中，单击右键选择"查看代码"，在方法 Form1 中添加代码：

```
axWindowsMediaPlayer1.URL = @"e:\歌曲\亲吻祖国.mp3";
```

其中 URL 为播放的媒体文件（如 MP3 文件）路径。添加完成后，Form1 代码如下：

```
public Form1()
{
    InitializeComponent();
    axWindowsMediaPlayer1.URL = @"e:\歌曲\亲吻祖国.mp3";//添加代码
}
```

（3）播放。

单击工具栏中的"启动"按钮，程序运行后音乐自动响起，运行画面如图 1-6 所示。

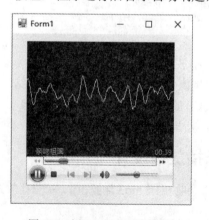

图 1-6　例 1-1 运行画面截图

从图 1-6 可以看出，播放器中的多数功能控件都是可用的，只有"下一曲""上一曲"按钮被禁止使用。这是因为当前播放器中只有一首歌曲，当为播放器添加多首歌曲后，该按钮会自动激活。

如果将播放器的 settings.autoStart 属性修改为 False，即不自动播放（默认值为 True，自动播放），修改后的 Form1 代码如下：

```
public Form1()
{
    InitializeComponent();
    axWindowsMediaPlayer1.settings.autoStart = false; //添加代码
    axWindowsMediaPlayer1.URL = @"e:\歌曲\亲吻祖国.mp3";//添加代码
}
```

这时，程序运行后并不会自动播放，只有通过单击"播放"按钮才能实现播放功能。

1.2　WMP 组件的基本使用

1.2.1　WMP 组件类（axWindowsMediaPlayer）

WMP 组件类名为 axWindowsMediaPlayer，所在名字空间为 AxWMPLib。该类中常用的属性及方法如表 1-1 所示。

表 1-1　媒体播放器常用属性及方法

属性/方法名	说　明
URL:String;	指定媒体位置，本机或网络地址
uiMode:String;	播放器界面模式，可为 Full, Mini, None, Invisible
enableContextMenu:Boolean;	启用/禁用右键菜单
fullScreen:boolean;	是否全屏显示
IWMPMedia newMedia(string)	创建新媒体对象，其中接口类型 IWMPMedia 用于声明媒体对象
[Ctlcontrols]	wmp.Ctrcontrols //播放器基本控制
Ctlcontrols.play;	播放
Ctlcontrols.pause;	暂停
Ctlcontrols.stop;	停止
Ctlcontrols.currentPosition:double;	当前进度
Ctlcontrols.currentPositionString:string;	当前进度，字符串格式。如"00:23"
Ctlcontrols.fastForward;	快进
Ctlcontrols.fastReverse;	快退
Ctlcontrols.next;	下一曲
Ctlcontrols.previous;	上一曲
[settings]	wmp.settings //播放器基本设置
settings.volume:integer;	设置音量，0~100
settings.autoStart:Boolean;	设置是否自动播放
settings.mute:Boolean;	设置是否静音

续表

属性/方法名	说　明
settings.playCount:integer;	设置播放次数
settings.setMode(string,Boolean);	设置播放顺序，其中，参数 shuffle 和 false 设置为顺序播放，参数 shuffle 和 true 设置为随机播放，参数 loop 和 true 设置为循环播放
[currentMedia]	wmp.currentMedia //获取当前媒体属性
currentMedia.duration:double;	获取当前媒体总长度
currentMedia.durationString:string;	获取当前媒体总长度，字符串格式。如"03:24"
currentMedia.getItemInfo(const string);	获取当前媒体信息　Title=媒体标题，Author=艺术家，Copyright=版权信息，Description=媒体内容描述，Duration=持续时间（秒），FileSize=文件大小，FileType=文件类型，sourceURL=原始地址
currentMedia.setItemInfo(const string);	通过属性名设置当前媒体信息，其中参数取值与 currentMedia.getItemInfo 相同
currentMedia.name:string;	同　currentMedia.getItemInfo("Title")
currentMedia.sourceURL;	获取正在播放的媒体文件的路径
[currentPlaylist]	wmp.currentPlaylist //获取当前播放列表属性
currentPlaylist.count:integer;	获取当前播放列表所包含媒体数
currentPlaylist.Item[integer];	获取或设置指定项目媒体信息，其子属性同 wmp.currentMedia
currentPlaylist.appendItem(currentMedia);	向当前播放列表添加新媒体

1.2.2　媒体类型（IWMPMedia 接口）

　　IWMPMedia 接口用于声明媒体对象（如 MP3 音乐文件），使用 axWindowsMediaPlayer 类的方法 newMedia()创建媒体对象。IWMPMedia 提供了与媒体文件有关的许多属性，如当前媒体的标题、主唱、版权信息、媒体内容描述、媒体持续时间（秒）等，使用 IWMPMedia 提供的成员方法可以设置或获取媒体的有关属性。IWMPMedia 接口在 WMPlib 名字空间中声明，引用该名字空间的语句：using WMPLib;。IWMPMedia 中的属性/方法如表 1-2 所示。

表 1-2　IWMPMedia 的属性/方法

属性/方法	描　述
attributeCount:int	媒体用于可查询和/或可设置的属性数量
duration:double	当前媒体可持续的时间（以秒为单位）
durationString:string	当前媒体可持续的时间，字符串格式——HH:MM:SS
imageSourceHeight:int	当前媒体项以像素为单位的高度
imageSourceWidth:int	当前媒体项以像素为单位的宽度
get_isIdentical	判断当前媒体与指定的媒体是否相同
markerCount:int	媒体标记的数量
name:string	媒体的名称
sourceURL:string	媒体的 URL
getAttributeName;	获取给定索引值的属性名称
getItemInfo;	获取媒体指定的属性值
getItemInfoByAtom;	通过媒体的属性索引获取媒体的属性值

属性/方法	描　　述
getMarkerName;	获取与索引对应的标记名
getMarkerTime;	获取与索引对应的标记时间
isMemberOf	判断媒体是否是给定媒体列表中的成员
isReadOnlyItem	判断指定的媒体属性是否为只读属性
setItemInfo	设置媒体对象指定属性的值

1.2.3　播放列表类型（IWMPPlaylist 接口）

IWMPPlaylist 接口用于声明播放列表，同时使用 axWindowsMediaPlayer 类的方法 newPlaylist()创建播放列表。IWMPPlaylist 提供了与播放列表有关的属性与方法，如添加媒体、清空表、获取表中媒体数、访问指定索引的媒体、插入媒体项、删除媒体项等。

IWMPPlaylist 接口在 WMPlib 名字空间中声明。IWMPPlaylist 中常用的属性/方法如表 1-3 所示。

表 1-3　IWMPPlaylist 属性/方法

属性/方法	描　　述
appendItem	在播放列表中追加（添加）一个新媒体
clear	清空当前播放列表
attributeCount:int	与播放列表关联的属性数
get_attributeName	获取由索引指定的属性的名称
count:int	播放列表中的项目数
get_isIdentical	判断当前播放器列表与指定的播放器列表是否相同
get_item	获取指定索引的媒体
name:string	播放器列表名
getItemInfo	获取按名称指定的播放列表属性的值
insertItem	在播放列表中的指定位置添加媒体项
moveItem	更改播放列表中媒体项的位置
removeItem	从播放列表中删除指定的媒体项
setItemInfo	指定当前播放列表的属性的值

1.2.4　WMP 组件的"播放列表"应用

"播放媒体"必须登记在播放器的"播放列表"中。一个播放器可以维护多个"播放列表"，其中有一个被称为"当前播放列表"。每个播放列表具有不同的名称，每个"当前播放列表"默认的逻辑名称为"播放列表 1"，"播放列表 2"，……

在 WMP 中使用 currentPlaylist 管理和维护当前播放列表。

如语句 axWindowsMediaPlayer1.currentPlaylist.appendItem(currMedia); 为播放器 axWindowsMediaPlayer1 的当前播放列表添加一个新媒体（其中 currMedia 是一个媒体实例），同时当前播放列表的项目数（currentPlaylist.count）值自动加 1，语句 currMedia=axWindowsMediaPlayer1.currentPlaylist.get_Item(i);执行后，实例 currMedia 将获得"当前播放列表"中第 i 个媒体项（i 从 0 开始）。若想播放其他播放列表中的媒体项，

如播放 Playlist1 表中的第 i 项媒体，可使用如下代码实现：

```
axWindowsMediaPlayer1.URL=Playlist.Item[i].sourceURL;
```

例1-2 利用"播放列表"实现多个 MP3 音乐文件的循环播放。

设计要求：通过"菜单"建立"播放列表"；使用目录对话框选择 MP3 文件所在目录；单击"播放"按钮，实现循环播放。

（1）本例窗体界面如图 1-7 所示。

图 1-7　例 1-2 窗体界面

主要控件为播放器控件 WMP、菜单（MenuStrip）以及浏览对话框（FolderBrowserDialog）。属性设置参见表 1-4。

表 1-4　例 1-2 控件属性设置

控件类型	控件名称	属性	设置结果
Form	Form1	Text	例 1-2 播放列表
AxWindowsMediaPlayer	axWindowsMediaPlayer1	Name	axWindowsMediaPlayer1
MenuStrip	menuStrip1	Name	menuStrip1
ToolStripMenuItem	ToolStripMenuItem1	Text	菜单
		Name	ToolStripMenuItem1
ToolStripMenuItem	InputMP3	Name	InputMP3
		Text	读入 MP3 文件
FolderBrowserDialog	FolderBrowserDialog1	Name	FolderBrowserDialog1

（2）建立"播放列表"。

在应用程序窗体中，选择"菜单"→"读入 MP3 文件"，执行 InputMP3_Click 事件方法。方法处理过程是：打开目录对话框选择"歌曲"目录，获取目录中 MP3 文件的存储路径。调用 CreatePlayList 方法建立播放列表。事件方法 InputMP3_Click 代码如下：

```
private void InputMP3_Click(object sender, EventArgs e)
 {
  if (folderBrowserDialog1.ShowDialog() == DialogResult.OK)
    {
```

```
        string path = folderBrowserDialog1.SelectedPath;        //获取歌曲目录
    //获取 MP3 文件存储路径
      string[] name= Directory.GetFiles(path, "*.mp3");
    if (name.Length > 0)
        CreateList(name);                                   //建立音乐文件播放列表
    else
        MessageBox.Show("该文件夹无任何 MP3 音乐文件, 重新选择! ");
    }
}
```

方法 **CreatePlayList** 建立播放器列表。建立步骤如下：

① 声明一个媒体对象。

```
IWMPMedia currMedia;
```

② 创建一个媒体对象实例。

```
currMedia=axWindowsMediaPlayer1.newMedia(s);      //s 为媒体存放路径
```

③ 将媒体实例添加到当前播放器列表。

```
axWindowsMediaPlayer1.currentPlaylist.appendItem(currMedia);
```

④ 重复步骤②和步骤③将 name 数组中所有媒体添加到当前播放器列表。

方法 **CreatePlayList** 代码如下：

```
private void CreatePlayList(string[] name)
{
    IWMPMedia currMedia;                                  //声明媒体对象
    axWindowsMediaPlayer1.currentPlaylist.clear();        //清空播放列表
    foreach (var s in name)
    {
        currMedia = axWindowsMediaPlayer1.newMedia(s);    //创建新媒体
        //添加媒体
        axWindowsMediaPlayer1.currentPlaylist.appendItem(currMedia);
    }
}
```

（3）循环播放。

通过设置播放器属性 settings.setMode 完成。该属性可设置播放器的播放顺序：顺序播放、随机播放和循环播放。设置代码如下：

```
axWindowsMediaPlayer1.settings.setMode("shuffle",false);   //顺序播放
axWindowsMediaPlayer1.settings.setMode("shuffle", true);   //随机播放
axWindowsMediaPlayer1.settings.setMode("loop", true);      //循环播放
```

例如，在方法 Form1 中设置"循环播放"，代码如下：

```
public Form1()
```

```
{
    InitializeComponent();
    axWindowsMediaPlayer1.settings.setMode("loop", true); //循环播放
}
```

◀❖注意：

当播放列表中的项目数（axWindowsMediaPlayer1.currentPlaylist.count）大于 1 时，播放器的"上一曲""下一曲"按钮呈现激活状态。例如，图 1-8 展示播放列表中仅有 2 首歌曲的窗体界面。

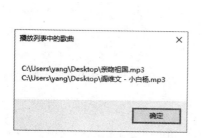

图 1-8　仅有 2 首歌曲的播放器运行界面

1.2.5　WMP 控件模式设置

WMP 控件的外观可呈现以下四种显示模式：Full 模式（默认模式）、None 模式、Mini 模式和 Invisible 模式，如图 1-9 所示。用户可以根据个人习惯，选择不同的外观。使用播放器的 uiMode 属性进行外观模式设置。

图 1-9　WMP 控件外观模式

（1）Full 模式（默认模式）

播放器中除视屏或可视化窗口外，还包括其他所有的控件。

代码设置：axWindowsMediaPlayer1.uiMode="Full";

其中 axWindowsMediaPlayer1 为一播放器实例，下同。

（2）None 模式

播放器不带控件，仅显示视屏或可视化效果。

代码设置：axWindowsMediaPlayer1.uiMode="None";

（3）Mini 模式

除视屏或可视化窗口外，播放器中还具有状态窗口、播放/暂停、停止、静音以及音量控件。

代码设置：axWindowsMediaPlayer1.uiMode="Mini";

（4）Invisible 模式

播放器中不带任何控件，不显示视屏或可视化效果。

代码设置：axWindowsMediaPlayer1.uiMode="Invisible";

播放器外观除以上四种基本模式外，用户还可对视屏画面进行个性化处理。如用图片遮挡视屏，产生如图 1-10 所示的外观效果。特别在 Invisible 模式下，用户完全可以设计出独具风格的音乐播放器界面，如图 1-11 所示。

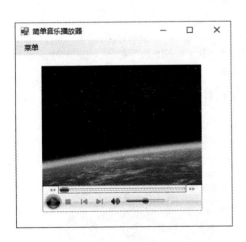

图 1-10　播放器外观（1）

图 1-11　播放器外观（2）

1.3　音乐播放器设计

1.3.1　设计思想

音乐播放器设计分为功能设计和界面设计两大部分。设计界面时，应首先按照实现功能选择控件，并进行合理布局，使其美观大方、操作方便。在本设计案例中，以 WMP 为基础，播放器界面完全由用户自己设计，除实现一般音乐播放器的基本操作外（如播放/暂停、停止、上一曲、下一曲等），还增加了同步歌词显示，皮肤更换等新功能。

1.3.2　功能设计

1. 建立"歌单"

通过菜单将歌曲目录中的 MP3 音乐文件名读入"歌单"中。

2. 播放

单击"歌单"中的歌曲名称，通过播放按钮实现播放，或双击歌曲名称实现播放。一首歌播放完成后，通过切换按钮实现前一曲及后一曲歌曲播放。播放中，可实现暂停、停止功能。

3. 播放进度显示/控制

播放时显示进度，单击时控制进度。

4. 音量控制

单击时可调节音量大小。

5. 歌词同步显示

当正在播放的歌曲既有音乐文件（.mp3）又有歌词文件（.lrc）时，在播放音乐的同时显示对应的歌词。

6. 更换播放器的皮肤

通过菜单选择不同的"皮肤"，或定时更换"皮肤"。如创建皮肤文件夹，并存放图片。

1.3.3　播放器界面设计

按照以上功能可选择的控件包括：音乐播放器控件（WMP）、菜单、目录对话框、文件打开对话框、计时器、表框、按钮、图片框、面板、进度条、标签、文本框等。在本案例中，使用自定义的图片作为操作按钮，使用面板控件实现进度控制和音量设置。播放器界面设计如图 1-12 所示。

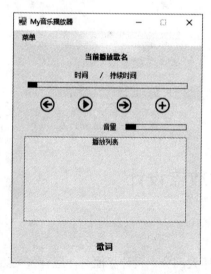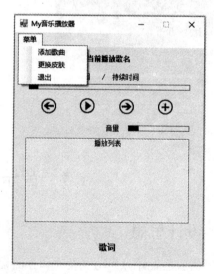

图 1-12　音乐播放器界面

其中，"当前播放歌名"为一个标签控件，显示当前播放的歌曲名，"时间/持续时间"由三个标签构成，时间标签显示正在播放的时间长度（如间隔 0.1 秒）；持续时间为当前歌曲的总长度；紧接下方的控件为面板（Panel），展示播放进度；音量展示控件也是面板。控制键◀，▶，⏸，▶和➕由图片框构成，分别用于实现"上一曲""播放""暂停""下一曲"和"添加歌曲"等功能，这些图片可从网上下载或使用绘图工具绘制，图片框控件同样支持单击（Click）事件。"播放列表"为一列表框控件（ListBox），显示可以播放的歌曲，列表框作为点歌台，支持单击、双击选歌功能。"歌词"为一标签控件，显示歌词。"菜单"栏支持"添加歌曲""更换皮肤"和"退出"等功能。

控件属性设置如表 1-5 所示。

表 1-5　音乐播放器控件属性设置

控 件 类 型	控 件 名 称	属　　性	设 置 结 果
Form	Form1	Text	My 音乐播放器
AxWindowsMediaPlayer	axWindowsMediaPlayer1	Name	axWindowsMediaPlayer1
		uiMod	none
		Visible	false
MenuStrip	menuStrip1	Name	menuStrip1
ToolStripMenuItem	菜单 ToolStripMenuItem	Name	菜单 ToolStripMenuItem
		Text	菜单
	打开歌曲目录 ToolStripMenuItem	Name	打开歌曲目录 ToolStripMenuItem
		Text	添加歌曲
	toolStripMenuItem1	Name	toolStripMenuItem1
		Text	更换皮肤
	退出 ToolStripMenuItem	Name	退出 ToolStripMenuItem
		Text	退出
FolderBrowserDialog	FolderBrowserDialog1	Name	FolderBrowserDialog1
OpenFileDialog	openFileDialog1	Name	openFileDialog1
Timer	timer1	Name	timer1（显示播放进度）
	timer2	Name	timer2（定时更换皮肤）
ListBox	listBox1	Name	listBox1
		Items	播放列表
		BackColor	Linen
Panel	panel1	Name	panel1（播放进度控制）
	panel2	Name	panel2（播放进度控制）
	panel3	Name	panel3（音量控制）
	panel4	Name	panel4（音量控制）
Label	label1	Name	label1
		Text	当前播放歌名
	label2	Name	label2
		Text	时间
	label3	Name	label3
		Text	/
	label4	Name	label4
		Text	持续时间

续表

控件类型	控件名称	属 性	设 置 结 果
Label	label5	Name	label5
		Text	音量
	label6	Name	label6
		Text	歌词
PictureBox	pictureBox1	Name	pictureBox1
		Image	⬅Properties.Resources.preview_down
	pictureBox2	Name	pictureBox2
		Image	⏸Properties.Resources.pause_down
	pictureBox3	Name	pictureBox3
		Image	➡Properties.Resources.next_down
	pictureBox4	Name	pictureBox4
		Image	⊕Properties.Resources.list_down
	pictureBox5	Name	pictureBox5
		Image	▶Properties.Resources.play_down

窗体运行界面展示：

程序运行后，打开【菜单】，选择【添加歌曲】，在"播放列表"中选择歌曲文件"亲吻祖国"，单击"播放"按钮后，音乐响起。图 1-13 为播放中的窗体截图。从图中可以看到以下信息：歌曲名称——亲吻祖国；歌曲总长度——4 分 59 秒；当前播放长度——1 分10 秒；歌词显示——"祖国啊，让我亲亲你"。操作控件已由播放控件 ▶ 转为暂停控件 ⏸。

图 1-13 播放器运行界面

1.3.4 关键技术

1. 获取播放器当前状态

播放器在工作期间会呈现出不同的工作状态，如停止、暂停、播放、等待等，各种状态值如表 1-6 所示。当播放器状态改变时将激活 PlayStateChange 事件，用户可利用该事件，根据播放器的当前状态值选择处理播放器的不同状况。

表 1-6　播放器状态值

值	状　　态	描　　述
0	未定义	Windows 媒体播放器处于未定义状态
1	停止	停止播放当前媒体项目
2	暂停	当前媒体项的回放已暂停。当媒体项暂停时，恢复播放从同一位置开始
3	播放	当前媒体项正在播放
4	快进	当前媒体项正在快进
5	快退	当前媒体项正在翻转
6	正在缓冲	当前媒体项正在从服务器获取其他数据
7	等待	连接已建立，但服务器不发送数据。等待会话开始
8	播放结束	媒体项已完成播放
9	正在转换	正在准备新媒体项
10	准备就绪	准备开始播放
11	重新连接	重新连接

下面给出播放器 axWindowsMediaPlayer1 的 PlayStateChange 事件代码结构：

```
private void axWindowsMediaPlayer1_PlayStateChange(object sender,
AxWMPLib._WMPOCXEvents_PlayStateChangeEvent e)
{
    switch(e.newState)
    {
        case 1:  //停止状态处理;break;
        case 2:  //暂停状态处理;break;
        case 3:  //播放状态处理;break;
        …
        case 8:  //播放结束状态处理;break;
        …
    }
}
```

2.　歌词文件处理

下载音乐文件时可同时下载歌词文件，如音乐文件"亲吻祖国.mp3"对应的歌词文件"亲吻祖国.lrc"。为方便处理，约定音乐文件和歌词文件名字相同，并将它们保存在同一个文件夹中。

一般的歌词文件（.lrc）为记事本文件，可以方便进行编辑。在歌词文件中，每行由两部分构成，形式为"[时间]"＋"歌词"，意为该时间段对应的歌词。

例如，歌曲"亲吻祖国"的歌词内容如图 1-14 所示。

其中，第 4 行表示：在 1.81 秒时，显示歌曲名称"亲吻祖国"；第 5 行表示：在 17.05秒，显示"演唱：王丽达　编辑：李选正"；第 6 行表示：在 47.03 秒，显示"太深太深，太深的记忆"歌词……

同步歌词播放的设计原则，就是在播放时不仅能听到声音还能看到歌词。这需要编程者根据播放的时间点选择歌词，当播放的时间点与歌词时间点一致时则在歌词显示区中显示对应的歌词。

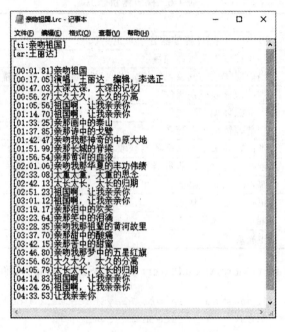

图 1-14 歌曲"亲吻祖国"的歌词

为实现同步歌词播放，播放开始前，将歌词文件每一行的时间值与歌词分离，并得到时间数组和歌词数组。如将"亲吻祖国.lrc"文件按行分离后，时间数组和歌词数组如下：

时间	歌词
00:01.81	亲吻祖国
00:17.05	演唱：王丽达　编辑：李选正
00:47.03	太深太深，太深的记忆
00:56.27	太久太久，太久的分离
01:05.56	祖国啊，让我亲亲你
01:14.70	祖国啊，让我亲亲你
01:33.25	亲那画中的泰山
01:37.85	亲那诗中的戈壁
01:42.47	亲吻我那神奇的中原大地
01:51.99	亲那长城的脊梁
01:56.54	亲那黄河的血液
02:01.06	亲吻我那华夏的丰功伟绩
02:33.08	太重太重，太重的思念
02:42.13	太长太长，太长的归期
02:51.23	祖国啊，让我亲亲你
03:01.12	祖国啊，让我亲亲你

03:19.17	亲那泪中的欢笑
03:23.64	亲那笑中的泪滴
03:28.35	亲吻我那祖辈的黄河故里
03:37.70	亲那甜中的酸痛
03:42.15	亲那苦中的甜蜜
03:46.80	亲吻我那梦中的五星红旗
03:56.62	太久太久，太久的分离
04:05.79	太长太长，太长的归期
04:14.83	祖国啊，让我亲亲你
04:24.26	祖国啊，让我亲亲你
04:33.53	让我亲亲你

歌词文件处理过程代码框架：

```
private void splitTimeLrc()          //分离时间与歌词
{
    string lrcname =…;               //歌词文件（Lrc）的路径
    if (File.Exists(lrcname))        //文件存在
    {
        string[] str = File.ReadAllLines(lrcname);      //读文件内容
        Time = new string[str.Length];                  //时间数组
        Text1 = new string[str.Length];                 //歌词数组
        string[] split;
        char[] sept = { '[', ']' };
        int i = 0;
        foreach (var s in str)
        {
            if (s == "") continue;
            split = s.Split(sept);
            Time[i] = split[1];
            Text1[i] = split[2];
            i++;
        }
        激活歌词显示区域
    }
    else
    {
        隐藏歌词显示区域;
    }
}
```

3.　同步显示歌词

本案例仅播放 MP3 音乐文件，如果存在对应的 lrc 歌词文件，则在播放的同时同步显示歌词。

当前播放器的播放进度可以通过播放器属性 Ctlcontrols.currentPosition 获取，属性类型为 double，也可以通过属性 Ctlcontrols.currentPositionString 获取，属性类型为 string，其值为当前歌曲的播放时间。将播放时间与歌词时间进行匹配（如进行相等比较），匹配成功时显示该时刻的歌词。代码如下：

```
//获取当前播放器的播放进度（即播放的时间点）
string t1 = axWindowsMediaPlayer1.Ctlcontrols.currentPositionString;
label2.Text = t1;                    //显示当前播放进度
try
{ //寻找匹配项
  for (int i = k; i < Time.Length; i++)
   if (t1 == Time[i].Substring(0, 5))
    {
        label6.Text = Text1[i];   //匹配成功时显示歌词
        k++;
        break;
    }
}
catch { }
```

同步歌词显示运行界面如图 1-15 所示。

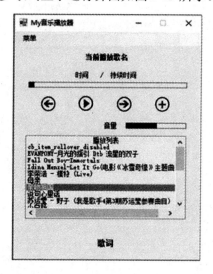

图 1-15　同步歌词显示

4. 播放进度展示/控制

通常，使用进度条控件（ProgressBar）展示歌曲的播放进度，其外观如图 1-16 所示。

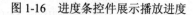

图 1-16　进度条控件展示播放进度

使用进度条时，首先设置进度条的取值范围。默认范围的下限为 0，上限设置为媒体的播放长度。设置代码如下：

```
//获取媒体播放长度(秒)
double duration = axWindowsMediaPlayer1.currentMedia.duration;
//设置进度条控件范围的上限（使用毫秒单位）
progressBar1.Maximum = (int)(duration * 1000);
```

利用计时器（timer1）控制进度条控件，如每经过 100 毫秒进度条增量一次。计时器 timer1 的 tick 事件方法代码如下：

```
private void timer1_Tick(object sender, EventArgs e)
{
    if (progressBar1.Value < progressBar1.Maximum)
        progressBar1.Value += 100; //增量为 100 毫秒
}
```

在本案例中，设计如图 1-17 所示的控件，其外观与进度条控件相似。该控件是由两个面板控件（Panel）组成的，既能展示播放进度，又能控制播放进度。设计时，将两个面板控件重叠放置（两个控件高度相同，初始位置相同）。第一个控件 panel1 用于模拟进度展示区域，控件颜色为默认背景色；第二个控件 panel2 用于模拟播放进度，控件颜色设置为"黑色"。

图 1-17　面板控件展示/控制播放进度

由于面板控件随其宽度属性值的改变而动态变化，当使用"播放进度"定时刷新 panel2.Width 属性时，在 panel1 中将看到一个不断增长的"黑色条框"，该条框的宽度正好模拟当前歌曲的播放进度。当黑色条框充满 panel1 时，表明歌曲的播放进度已到达最大值，即歌曲已播放结束。panel2.Width 属性与当前播放进度的转换关系为：

$$panel2.Width = \frac{panel1.Width}{歌曲播放长度} \times 当前播放进度$$

"播放进度展示"功能代码如下：

```
double d1,duration,pwidth,temp;
d1 = axWindowsMediaPlayer1.Ctlcontrols.currentPosition; //当前播放进度
duration= axWindowsMediaPlayer1.currentMedia.duration;  //歌曲播放长度
pwidth= Convert.ToDouble(panel1.Width);        //panel1 的宽度
temp= pwidth / duration;
panel2.Width = (int)(d1 * temp);               //更新 panel2 的宽度
```

"播放进度控制"功能的实现如下：在播放中，单击面板 panel1 的空白区域，将从此处继续播放（实现快进播放）。代码如下：

```
//获取媒体播放长度
double duration = axWindowsMediaPlayer1.currentMedia.duration;
//计算新的播放位置（即鼠标单击处的媒体播放时间）
double newduration = (double)e.Location.X / panel1.Width * duration;
```

```
//重新设置媒体播放位置
axWindowsMediaPlayer1.Ctlcontrols.currentPosition = newduration;
//改变播放展示位置
panel2.Width = (int)newduration;
```

同样，单击面板 panel2（黑色条框），将从此处回放音乐。代码如下：

```
//获取当前媒体播放长度
double duration = axWindowsMediaPlayer1.Ctlcontrols.currentPosition;
//计算新的播放位置（即鼠标单击处的媒体播放时间）
double newduration = (double)e.Location.X / panel2.Width * duration;
//设置新的播放位置
axWindowsMediaPlayer1.Ctlcontrols.currentPosition = newduration;
//改变展示位置
panel2.Width = (int)newduration;
```

5. 音量控制

音量控制设计与播放进度展示类似。借助 panel3 和 panel4 实现。panel3 为音量展示区域（固定不变），panel4 为音量大小展示框（黑色条框，动态变化）。单击 panel3 的空白区（增大音量），用该点的 X 坐标更新 panel4.Width 属性，将同样看到一个不断增长的"黑色条框"。用 panel4.Width 属性值可以模拟播放器的音量大小。在 WMP 中，播放器的音量大小使用 settings.volume 属性设置，该属性的取值范围为 0～100 之间的整数，即设置为 0，声音最小，设置为 100，声音最大。而在 panel4 中，可限制 panel4.Width 的取值范围在 0～panel3.Width（固定不变）之间，即 panel4.Width 为 0，声音最小，panel4.Width 取 panel3.Width 值时，声音最大。通过算式 $\dfrac{panel4.Width}{panel3.Width} \times 100$ 可以将 panel4 的宽度值转换为对应的音量值。

在事件方法 panel3_MouseClick 中实现增大音量的功能的代码如下：

```
private void panel3_MouseClick(object sender, MouseEventArgs e)
{
    panel4.Width = e.Location.X;
    double temp=(double)panel4.Width/panel3.Width*100;
    axWindowsMediaPlayer1.settings.volume = (int)temp;
}
```

同样，通过单击 panel4（黑色条框），实现减小音量的功能。

6. 静音控制

静音控制可以通过设置播放器 settings.mute 属性完成。该属性类型为 Boolean，为真时设置静音，为假时取消静音。

例如，代码 axWindowsMediaPlayer1.settings.mute=true，将播放器 axWindowsMediaPlayer1 设置为静音；而代码 axWindowsMediaPlayer1.Settings.mute=false 表示取消静音。

7. 点歌

单击播放列表中歌曲名称，获取歌曲文件的播放路径（mp3name 中）；单击播放按钮，执行事件方法 pictureBox5_Click 实现播放过程控制。

在事件方法 pictureBox5_Click 中，按照"首次播放"或"继续播放"分别进行处理，代码如下：

```
if (flag == 0)            //flag=0 时为首次播放
   {
      splitTimeLrc();      //进行歌词处理
      k = 0;               //歌词数目清 0
      axWindowsMediaPlayer1.URL = mp3name;       //自动播放
   }
else                      //暂停后继续播放
   {
      timer1.Start();      //启动计时器
      axWindowsMediaPlayer1.Ctlcontrols.play();
   }
```

注意：

只有当播放器处于"播放"状态时，才能真正播放 axWindowsMediaPlayer1.URL 中的歌曲。

利用播放器的 PlayStateChange 事件可以对播放器的状态实行有效控制。例如，当播放器处于播放状态（特征值为 3）时，需要显示当前播放歌曲名称、播放时间，初始化播放进度控件，启动计时器控件等。实现代码如下：

```
private void axWindowsMediaPlayer1_PlayStateChange(object sender, AxWMPLib.
_WMPOCXEvents_PlayStateChangeEvent e)
{
    switch(e.newState)
    {
        …
        case 3:  //播放状态
            label1.Text = axWindowsMediaPlayer1.currentMedia.name;
            //显示歌名
            //显示歌曲播放时间
            label4.Text = axWindowsMediaPlayer1.currentMedia.durationString;
            duration = axWindowsMediaPlayer1.currentMedia.duration;
            //获取播放时间
            panel2.Width = 0;    //播放进度清 0
            timer1.Start();       //启动计时器
            break;
        …
    }
}
```

8. 更换皮肤

更换播放器皮肤可以通过设置播放器窗体的背景图片实现。实现过程：打开皮肤文件夹，选取一张图片用作播放器窗体背景，如图 1-18 所示。实现代码如下：

```
//打开"文件"对话框，选择皮肤文件夹，选择一个图片文件
```

```
if (openFileDialog1.ShowDialog() == DialogResult.OK)
{
    string fname=openFileDialog1.FileName; //图片文件名
    string fext = fname.Substring(fname.LastIndexOf(".") + 1);  //扩展名
    if (fext == "png" || fext == "jpg" || fext == "jpeg"
           || fext == "bmp" || fext == "gif" || fext == "ico")
    Form1.ActiveForm.BackgroundImage = Image.FromFile(fname);  //更换皮肤
    else
    {
        fext = "*.png|*.jpg|*.jpeg|*.jif|*.bmp|*.ico";
        MessageBox.Show("请选择图片格式:"+ fext);
    }
}
```

 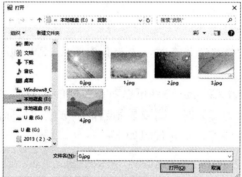 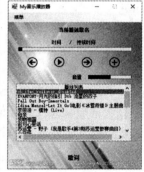

图 1-18　更换皮肤

1.3.5　功能实现

在音乐播放器项目的 Form1 类中声明以下成员：

```
string path;                //歌曲文件夹路径
string mp3name;             //当前 MP3 文件
string[] Time;              //lrc 文件中的时间
string[] Text1;             //lrc 文件中的歌词
string[] allfile;           //存放目录中的所有 MP3 文件路径
int flag = 0;               //0—播放，1—暂停
int bf=0;                   //媒体为播放状态—1
double duration;            //当前媒体总长度
int k=0;                    //记录已播放的歌词数目
```

1.　建立"歌单"

```
private void 打开歌曲目录ToolStripMenuItem_Click(object sender, EventArgs e)
{
    if (folderBrowserDialog1.ShowDialog() == DialogResult.OK)
    {
        path = folderBrowserDialog1.SelectedPath;  //获取目录
```

```
        allfile=Directory.GetFiles(path, "*.mp3"); //获取目录中的 MP3 文件
    }
    if (allfile.Length > 0)
    {
        foreach (var s in allfile)
        {
            listBox1.Items.Add(Path.GetFileNameWithoutExtension(s));
        }
        listBox1.SelectedIndex = 1;
    }
}
```

2. 播放

（1）单击歌曲名称，单击"播放"按钮。

```
private void pictureBox5_Click(object sender, EventArgs e)//播放
{
    if (listBox1.SelectedIndex > 0)
    {
        if (flag == 0)
        {
            splitTimeLrc();//分割时间与歌词
            k=0;
            axWindowsMediaPlayer1.URL = mp3name;
        }
        else
         {
            timer1.Start();
            axWindowsMediaPlayer1.Ctlcontrols.play();
        }
        flag = 0;
        pictureBox5.Visible = false;
        pictureBox2.Visible = true;
    }
}
```

（2）双击歌曲名播放。

```
private void listBox1_DoubleClick(object sender, EventArgs e)//双击播放
{
    if (listBox1.SelectedIndex > 0)
    {
        splitTimeLrc();//分割时间与歌词
        flag = 0;
        k=0;
        pictureBox5.Visible = false;
```

```
        pictureBox2.Visible = true;
        axWindowsMediaPlayer1.URL = mp3name;
    }
}
```

（3）单击"上一曲"按钮播放。

```
private void pictureBox1_Click(object sender, EventArgs e)//上一曲
{
    if (listBox1.SelectedIndex > 0)
    {
        axWindowsMediaPlayer1.Ctlcontrols.stop();
        if (listBox1.SelectedIndex == 1)
            listBox1.SelectedIndex = listBox1.Items.Count - 1;
        else
            listBox1.SelectedIndex = listBox1.SelectedIndex - 1;
        splitTimeLrc();//分割时间与歌词
        flag = 0;
        k=0;
        pictureBox2.Visible = true;
        pictureBox5.Visible = false;
        axWindowsMediaPlayer1.URL = mp3name;
    }
}
```

（4）单击"下一曲"按钮播放。

```
private void pictureBox3_Click(object sender, EventArgs e)//下一曲
{
    if (listBox1.SelectedIndex > 0)
    {
        axWindowsMediaPlayer1.Ctlcontrols.stop();
        if (listBox1.SelectedIndex == listBox1.Items.Count - 1)
            listBox1.SelectedIndex = 1;
        else
            listBox1.SelectedIndex = listBox1.SelectedIndex + 1;
        splitTimeLrc();//分割时间与歌词
        flag = 0;
        k=0;
        pictureBox2.Visible = true;
        pictureBox5.Visible = false;
        axWindowsMediaPlayer1.URL = mp3name;
    }
}
```

（5）单击"暂停"按钮。

```
private void pictureBox2_Click(object sender, EventArgs e)//暂停
```

```
{
    axWindowsMediaPlayer1.Ctlcontrols.pause();
    flag = 1;//暂停标志
    pictureBox5.Visible = true;
    pictureBox2.Visible = false;
    timer1.Stop();
}
```

3. 播放进度展示

```
private void timer1_Tick(object sender, EventArgs e)
{
    string t1 = axWindowsMediaPlayer1.Ctlcontrols.currentPositionString;
    double d1 = axWindowsMediaPlayer1.Ctlcontrols.currentPosition;
    label2.Text = t1;
    try
    {
        for (int i = k; i < Time.Length; i++)
            if (t1 == Time[i].Substring(0, 5))
            {
                label6.Text = Text1[i];
                k++;
                break;
            }
    }
    catch { }
    //播放进度展示
    if (d1 != 0)
    {
        double duration = axWindowsMediaPlayer1.currentMedia.duration;
                                                        //歌曲播放长度
        double pwidth = Convert.ToDouble(panel1.Width);   //面板 1 的宽度
        double temp = pwidth / duration;
        panel2.Width = (int)(d1 * temp);                  //修改面板 2 的宽度
    }
    else
    {
        timer1.Stop();
        label6.Text = "";                                 //清空歌词显示
    }
}
```

4. 播放进度控制

（1）增加进度控制。

```
private void panel1_MouseClick(object sender, MouseEventArgs e)
```

```
{
    if (bf==1)          //播放器处于播放状态时
    {
        label6.Text="";
        double duration = axWindowsMediaPlayer1.currentMedia.duration;
                    //歌曲播放长度
        double newduration = (double)e.Location.X / panel1.Width * duration;
        axWindowsMediaPlayer1.Ctlcontrols.currentPosition = newduration;
                    //设置新的播放位置
        panel2.Width = (int)newduration;            //改变展示位置
    }
}
```

（2）减小进度控制。

```
private void panel2_MouseClick(object sender, MouseEventArgs e)
{
    if (bf == 1)
    {
        k = 0;
        label6.Text = "";
double duration = axWindowsMediaPlayer1.Ctlcontrols.currentPosition;
                                    //当前播放长度
double newduration = (double)e.Location.X / panel2.Width * duration;
axWindowsMediaPlayer1.Ctlcontrols.currentPosition = newduration;
                                    //设置新的播放位置
panel2.Width = (int)newduration;        //改变展示位置
    }
}
```

5. 音量控制
（1）音量增大。

```
private void panel3_MouseClick(object sender, MouseEventArgs e)
{
    panel4.Width = e.Location.X;
    axWindowsMediaPlayer1.settings.volume
        =(int)((double)panel4.Width/panel3.Width*100);
}
```

（2）音量减小。

```
private void panel4_MouseClick(object sender, MouseEventArgs e)
{
    panel4.Width = e.Location.X;
    axWindowsMediaPlayer1.settings.volume
        =(int)((double)panel4.Width/panel3.Width * 100);
```

```
}
```

6. 分割 lrc 歌词文件中的歌词与时间

```
private void splitTimeLrc()  //分割时间与歌词
{
      if (listBox1.SelectedIndex != 0)
      {
          string lrcname = path + "\\" + listBox1.Text + ".Lrc";
          mp3name = path + "\\" + listBox1.Text + ".mp3";
          if (File.Exists(lrcname))
                            //如果音乐文件（mp3）对应的歌词文件（Lrc）存在
          {
              string[] str = File.ReadAllLines(lrcname);   //读歌词文件内容
              Time = new string[str.Length];               //时间数组
              Text1 = new string[str.Length];              //歌词数组
              string[] split;
              char[] sept = { '[', ']' };
              int i = 0;
              foreach (var s in str)
              {
                  if (s == "") continue;
                  split = s.Split(sept);
                  Time[i] = split[1];
                  Text1[i] = split[2];
                  i++;
              }
              if (Time.Length > 0)
              {
                  label6.Visible = true;
                  label6.Text = "";
              }
          }
          else
              label6.Visible = false;
      }
}
```

7. 更换播放器的皮肤

```
private void toolStripMenuItem1_Click(object sender, EventArgs e)
{
    try
    {
        openFileDialog1.FileName = @"默认.png";
        if (openFileDialog1.ShowDialog() == DialogResult.OK)
        {
```

```
            string fname=openFileDialog1.FileName;
            fname = fname.Substring(fname.LastIndexOf(".") + 1);
            if (fname == "png" || fname == "jpg" || fname == "jpeg"
                  || fname == "bmp" || fname == "gif" || fname == "ico")
                Form1.ActiveForm.BackgroundImage =
                        Image.FromFile(openFileDialog1.FileName);
            else
            {
                string ext = "*.png|*.jpg|*.jpeg|*.jif|*.bmp|*.ico";
                MessageBox.Show("请选择图片格式:"+ext);
            }
        }
    }
    catch (IOException e1)
    {
      MessageBox.Show(e1.ToString());
    }
}
```

8. 获取播放器的"播放"状态

```
private void axWindowsMediaPlayer1_PlayStateChange(object sender,
AxWMPLib._WMPOCXEvents_PlayStateChangeEvent e)
{
    if (e.newState == 1)              //停止
    {
        timer1.Stop();
        pictureBox2.Visible = false;
        pictureBox5.Visible = true;
        flag = 0;
        bf=0;
    }
    else if (e.newState == 3)     //播放
    {
        label1.Text = axWindowsMediaPlayer1.currentMedia.name;
        label4.Text = axWindowsMediaPlayer1.currentMedia.durationString;
        duration = axWindowsMediaPlayer1.currentMedia.duration;
        panel2.Width = 0;
        bf=1;                          //播放状态
        timer1.Enabled = true;
    }
}
```

9. 在列表框选择歌曲

```
private void listBox1_SelectedIndexChanged(object sender, EventArgs e)
{
```

```
    pictureBox2.Visible = false;
    pictureBox5.Visible = true;
    flag = 0;
    mp3name = path + "\\" + listBox1.Text + ".mp3";
}
```

10. 程序退出

```
private void 退出ToolStripMenuItem_Click(object sender, EventArgs e)
{
    Application.Exit();
}
```

编　程　练　习

1. 设计音乐播放器，窗体如图 1-19 所示。

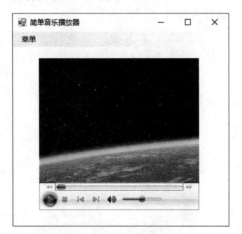

图 1-19　习题 1

2. 设计音乐播放器，窗体如图 1-20 所示。

图 1-20　习题 2

3. 设计音乐播放器，窗体如图 1-21 所示。

图 1-21　习题 3

4. 设计音乐播放器，窗体如图 1-22 所示。

图 1-22　习题 4

5. 设计音乐播放器，窗体如图 1-23 所示。

图 1-23　习题 5

第 2 章

MFC 游戏编程

本章将使用 C++编写一个小游戏。此处编写的小游戏是在 MFC 的框架下完成的，提供了俄罗斯方块和走迷宫的游戏编写过程作为示例。本章还讨论了游戏编程的一些基本知识 DirectX 的介绍，以及游戏编程中的一些关键技术。学习完本章后，读者应对 C++游戏编程有一个初步的了解；对鼠标消息、键盘消息会处理；能够展示简单的游戏动画和贴图。能够使用 MFC 编写一些简单的桌面小游戏。有关 MFC 的编程基础、Windows 窗体以及消息处理，请参阅本书附录 A。

2.1   Windows 游戏编程回顾

第一台大型计算机在 20 世纪 60 年代问世，其操作系统是 UNIX。运行在该系统上的 Core Wars 可列为最早的计算机游戏之一。20 世纪 70 年代的时候，全世界大型和小型计算机上已经有了为数不少的冒险游戏，它们大多数基于文字和对话，并具有朴素的界面。

在 1993 年的下半年，ID Software 发行了 DOOM，作为 Wolfenstein3D（德军司令部 3D，最早的 3D 共享游戏软件之一，亦由 ID 开发）的续作。在家用计算机市场，PC 俨然已成为玩游戏和编程的首选——直到现在也是。DOOM 的成功证明了一点，只要足够聪明，人们可以使 PC 做任何事。这点非常重要，记住，没有任何东西可以替代想象力和决心。如果你认为一件事是可能的，它就是可能的！

在 DOOM 热的冲击下，微软公司（Microsoft)才开始重新评价自己在游戏和游戏编程上的地位。它意识到娱乐产业的巨大，并且将只会变得更大，自己若置身这个行业有百利而无一害。于是微软制订了庞大的计划，以使自己得以在游戏业中分一杯羹。

问题在于，即使是 Windows 95，实时处理视频音频的能力仍然很差，于是微软制作了一个叫作 Win-G 的软件，试图解决视频方面的问题。而事实上它不过只是一堆用于画位图的图形调用而已。Win-G 发布大约一年之后，Microsoft 竟否认了它的存在！

新的囊括图形、声音、输入、网络、3D 系统的开发工作早已开始，1995 年微软收购了 Rendermorphics 的软件套件，DirectX 诞生了。像以往一样，Microsoft 发行人员宣称它将解决世界上 PC 平台上所有游戏编程的问题。

2.2   C++ Windows 游戏编程方式

2.2.1   Win32 SDK+DirectX

几乎所有在 Windows 平台下使用 C++编写的大型游戏，都是采用的这个基本的架构。

这也是最直接、最原始的方式——使用 Windows 编程接口（Win32 SDK）。也就是用 C 和 C++来调用 Windows API（Application Programming Interface，应用程序编程接口），API 是属于操作系统的，其他语言（如 VB）也可以调用。因此，以前也有人将这种编程称为 API 编程。

Win Main()函数是窗口程序的入口函数，在这个函数中可以调用各种 API 函数来完成目标。一般是先调用 RegisterClassEx()函数用当前窗口句柄去向操作系统申请(或称登录)将要创建一个什么样的窗口，申请成功后，再调用 CreateWindowEx()函数创建一个窗口对象，这仅仅是一个外观，还要调用 ShowWindow()函数设置一个 Windows 窗口的初期表示，即最大或最小或普通等。最后还要调用 UpdateWindow()函数向窗口传送 WM_PAINT 消息来画出窗口里面的内容。窗口创建完后，这是一个"静止"的窗口，因此还要在 WinMain() 函数的最后添加消息循环，最后才 return。WinMain()函数完成之后，还要再编写一个"窗口消息处理"函数。上面讲了许多 API 函数的调用，读者也许有点吃不消，但那些全是固定的，基本上不要编程。在理解之后，只要修改少量参数便可，真正要编程的是这个"窗口消息处理"函数。

在这个基础上，再加上高效处理音频、视频、3D 等的软件套件——DirectX，就构成了 Windows 平台下游戏编程的基石。DirectX 最初的两个版本作为完整的软件产品具有太多的缺陷，主要是 Microsoft 低估了视频游戏编程的复杂性。直到 DirectX 5.0 版本发布，才迎来了 DirectX 在 Windows 上进行的实际开发。

目前，DirectX 已经发布了 12.0 版本，并集成在了 Windows 10 中。这是一个难以抗拒的强大的 API。主要目标就是使基于 Windows 的计算机成为运行和显示具有丰富多媒体元素（例如全色图形、视频、3D 动画和丰富音频）的应用程序的理想平台。DirectX 包括安全和性能更新程序，以及许多涵盖所有技术的新功能。应用程序可以通过使用 DirectX API 来访问这些功能。DirectX 加强 3D 图形和声音效果，并提供设计人员一个共同的硬件驱动标准，让游戏开发者不必为每一品牌的硬件来写不同的驱动程序，也降低了用户安装及设置硬件的复杂度。

在早期的游戏中，为了让游戏能够在众多电脑中正确运行，开发者必须在游戏制作之初，把市面上所有声卡硬件数据都收集过来，然后根据不同的 API（应用编程接口）来写不同的驱动程序。这对于游戏制作公司来说是很难完成的，所以在当时多媒体游戏很少。微软正是看到了这个问题，为众厂家推出了一个共同的应用程序接口——DirectX。只要游戏是依照 DirectX 来开发的，不管显卡、声卡型号如何，统统都能玩，而且还能发挥最佳的效果。当然，前提是使用的显卡、声卡的驱动程序必须支持 DirectX 才行。

DirectX 是由很多 API 组成的，按照性质分类，可以分为四大部分：显示部分、声音部分、输入部分和网络部分。

- 显示部分担任图形处理的关键，分为 DirectDraw（DDraw）和 Direct3D（D3D）。前者主要负责 2D 图像加速，它包括很多方面：我们播放 mpg、DVD 电影、看图、玩小游戏等都是用的 DDraw，我们可以把它理解成所有画线的部分都是用的 DDraw。后者则主要负责 3D 效果的显示，比如 CS 中的场景和人物、FIFA 中的人物等，都是使用了 DirectX 的 Direct3D。

- 声音部分中最主要的 API 是 DirectSound，除了播放声音和处理混音之外，还加强了 3D 音效，并提供了录音功能。我们前面所举的声卡兼容的例子，就是利用了 DirectSound 来解决的。

- 输入部分 DirectInput 可以支持很多的游戏输入设备，它能够让这些设备充分发挥最佳状态和全部功能。除了键盘和鼠标之外还可以连接手柄、摇杆、模拟器等。
- 网络部分 DirectPlay 主要是为具有网络功能的游戏而开发的，提供了多种连接方式，TCP/IP、IPX、Modem、串口等，让玩家可以用各种联网方式来进行对战，此外也提供网络对话功能及保密措施。

2.2.2　MFC 编程

MFC（Microsoft Foundation Classes）是微软基础类库的简称，是微软公司实现的一个 C++类库，主要封装了大部分的 Windows API 函数。MFC 除了是一个类库以外，还是一个框架，在 VC++里新建一个 MFC 的工程，开发环境会自动帮用户产生许多文件，同时它使用了 mfcxx.dll。xx 是版本，它封装了 MFC 内核，所以在代码里看不到原本的 SDK 编程中的消息循环等内容。因为 MFC 框架封装好了，用户就可以专心地考虑程序的逻辑，而不是每次编程都进行大量的重复工作。由于是通用框架，没有最好的针对性，当然也就丧失了一些灵活性和效率。但是 MFC 的封装很浅，所以效率上损失不大，灵活性尚可，虽然也有一些缺陷，但是比起 Win32 编程还是简便很多。

一些小的游戏程序是可以使用 MFC 来编写的，如贪吃蛇、俄罗斯方块等。这些游戏对视频和硬件要求不高，使用 MFC 编程已经可以达到较好的效果。本章后面的两个小游戏都是使用 MFC 来编写的。有关基本的 MFC 编程的知识，参考本书的附录 A　MFC 编程参考。

此外，在 MFC 中也可以使用 DirectX，网上关于此内容的讨论很多，读者可以自行参考。

2.3　设 计 游 戏

编写视频游戏最难的工作之一就是设计。策划和设计一个有趣的游戏非常重要，但也很困难。如果一款游戏确实好玩，谁会在意游戏中是否使用了最新的光子跟踪算法？

2.3.1　设计文档

当有了游戏的想法的时候，落实到纸上是很有必要的。对于一个大型的游戏，一个设计详细的文档是必需的。对于一个小游戏来说，也许几页纸的详细设计就足够了。但是无论怎样，编写一个设计文档应该是所有工作的开始。设计文档应该编入能想到的尽可能多的细节，比如关卡和游戏规则的细节。这样就可以知道做什么从而按计划工作下去。反之，如果在开发的时候还总是随意修改设计，那么最终设计出的游戏一定是杂乱无章的。

游戏设计的最后部分是实际校验。你确信自己的游戏具有趣味性，并且大家都会喜欢吗？如果这个游戏令你自己完全着迷，并且不顾一切地想玩，那么几乎已经大功告成。如果你自己都觉得没有什么意思，那么其他人会对这款游戏有好的评价吗？

2.3.2　游戏的基本构成

一个游戏基本上都是一个连续的循环，它从用户处获取输入，刷新屏幕，在屏幕上绘制图像等，如图 2-1 所示。

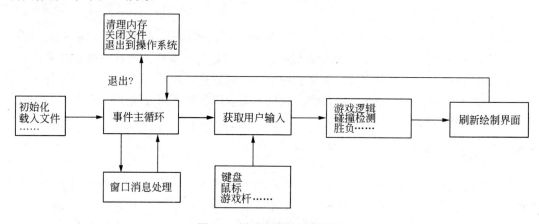

图 2-1　游戏程序的基本结构

游戏在开始的时候，游戏程序执行标准的初始化操作，如内存分配、资源采集、从磁盘载入数据等。进入游戏的主循环后，各类操作开始运行，运行持续到用户退出主循环为止。在游戏的过程中，游戏玩家的输入信息被处理，并被下一步的游戏逻辑所使用。根据运算的结果，游戏刷新画面，进入下一次循环。

2.4　俄罗斯方块

在这一节中，我们实现一个小游戏——俄罗斯方块。屏幕中央有一个矩形容器，程序刚开始时是空的；当单击"开始"菜单时，在其中从上向下随机出现俄罗斯方块的部件。通过键盘上的左右键可以左右移动部件（移动一个单位），通过向上键顺时针旋转 90°。当部件到达容器底部或已停止的部件上时即停止；当容器的同一行被部件填满时，该行消失，其他行依次向下移动。

计分方法：一次消去一行 100 分，同时消去 2 行、3 行和 4 行分别为 300 分、500 分和 900 分。在适当位置显示当前累计分。当部件总行数超过矩形容器高度时，提示"游戏失败"信息并停止。设有三个级别的游戏难度供选择。难度越大，下落得越快。

程序随机落下有 7 种标准俄罗斯方块部件，并随着键盘上的左右键分别左右移动，按键盘上的向上键顺时针旋转 90°；当部件到达容器底部或已停止的部件上时，停止；当同一行部件完整拼接上时，该行消失，其他行向下移动，在适当位置显示当前累计分；当部件总行数超过矩形容器高度时，提示"游戏失败"信息并停止。

2.4.1　要点分析

游戏的难点在于如何用内部数据结构表示当前的状态以及如何旋转部件、判断部件放置位置，以及使一层消失。

所有的部件和已经停止的部件均使用小方格来表示。整个游戏区域对应一个二维数组，数组为 0 时，表示空白；为 1 时表示已有方格。该数组存储所有已经不能再移动的部件。部件采用一维数组来表示，这些一维数组实际是一个 $n \times n$ 的矩阵。如表示一个方块使用一个 2×2 的矩阵，实际存储为{ {1，1}，{1，1} }；而一个长条为 4×4 的矩阵，实际存储为{ {0，1，0，0}，{0，1，0，0}，{0，1，0，0}，{0，1，0，0} }。

显示的时候，先画出已停止的方格，然后将正在下落的部件换算出正确的坐标位置画出。旋转部件时，变换存储部件的矩阵，使其对应为旋转后的形态。

判断部件是否可以下落、旋转、左移或右移时，将表示部件的数组对应到游戏区域的二维数组中，再判断是否允许改操作。当部件无法再动时，将部件数组中对应项填入游戏区域对应的二维数组中。

使一层消失可以通过判断游戏区域的二维数组是否某一行全为 1 来执行；如果该数组的第一行有一项为 1 或者新的部件已没有空白使其可以加入到游戏区域中，则游戏结束。

2.4.2　编写步骤

（1）首先新建项目生成一个名为 RusBlock 的 MFC 程序框架，应用程序类型选择"单文档"，项目类型选择"MFC 标准"；在用户功能界面页，取消选择"使用传统的停靠工具栏"；在高级功能页，取消选择"打印和打印预览"；其他选项均可用默认设置。

（2）在 Visual Studio 的视图菜单中选择"其他窗口"，再选择"资源视图"，打开资源视图的窗口。资源视图如图 2-2 所示。

（3）在资源视图中展开 Menu 项，双击 Menu 下的 IDR_MAINFRAME 项，打开菜单编辑器，如图 2-3 所示。

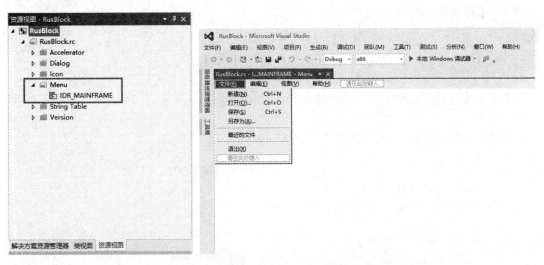

图 2-2　资源视图　　　　　　　　　　图 2-3　菜单编辑器

将已有的这些菜单删除，新建一个 Game 菜单，含有开始和结束两项，再建立一个"难度"菜单，含有"普通""容易"和"较难"三项。保留"帮助"菜单。在每一个菜单项上右击，选择"属性"，在打开的属性窗口中按表 2-1 中给出的值依次修改各个属性值。

表 2-1　菜单属性

ID	Caption	Prompt
ID_GAME_START	开始	游戏开始
ID_GAME_END	结束	游戏结束
ID_LEVEL_EASY	容易	
ID_LEVEL_NORMAL	普通	
ID_LEVEL_HARD	较难	

（4）打开视图类的头文件（RusBlockView.h），添加宏（常量），类成员变量和自定义类成员函数，以下是整个 RusBlockView.h 的清单。

```cpp
//RusBlockView.h: CRusBlockView 类的接口
//
#pragma once
#define MAXCOM 7          //部件数
#define WIDE 13           //游戏区域宽
#define HIGH 26           //高
#define SIZE 12           //组成游戏区域的方格大小
#define TOP 50            //游戏左上角坐标
#define LEFT 50
#define EASY 500          //游戏难度
#define NORMAL 300
#define HARD 200
typedef struct tagComponet
{
    int intComID;         //部件的 ID 号
    int intDimension;     //存储该部件所需的数组维数
    int* pintArray;       //指向存储该部件的数组
}Componet;


class CRusBlockView : public CView
{
protected:                              //仅从序列化创建
    CRusBlockView();
    DECLARE_DYNCREATE(CRusBlockView)


private:
    int m_intComID;                     //当前下落的部件
    int m_intState[HIGH][WIDE];         //当前状态
    Componet m_Componets[MAXCOM];       //所有部件的内部表示
    int m_intScore;                     //分数
    int m_intLevel;
    Componet m_CurrentCom;              //当前的部件
    POINT ptIndex;                      //部件数组在全局数组中的索引
//特性
public:
```

```
        CRusBlockDoc* GetDocument() const;
//操作
public:

//重写
public:
    virtual void OnDraw(CDC* pDC);   //重写以绘制该视图
    virtual BOOL PreCreateWindow(CREATESTRUCT& cs);
protected:
//实现
public:
    virtual ~CRusBlockView();
#ifdef _DEBUG
    virtual void AssertValid() const;
    virtual void Dump(CDumpContext& dc) const;
#endif
private:
    void NewComponet(void);         //产生一个新的部件
    bool CanDown(void);             //是否还可以下落
    void MyInvalidateRect(POINT ptStart, int intDimension);//刷新函数
    void Disappear(void);           //消去行
    bool CheckFail(void);           //判断游戏是否结束
    bool CanRotate(void);           //是否还可以旋转
    bool CanLeft(void);             //是否还可以左移
    bool CanRight(void);            //是否还可以右移
    //检查是否有足够的空位显示新的部件，否则游戏结束
    bool CanNew();
protected:
//生成的消息映射函数
protected:
    DECLARE_MESSAGE_MAP()
};

#ifndef _DEBUG  //RusBlockView.cpp 中的调试版本
inline CRusBlockDoc* CRusBlockView::GetDocument() const
    { return reinterpret_cast<CRusBlockDoc*>(m_pDocument); }
#endif
```

（5）在 **CRusBlockView** 类构造函数中创建记录部件形状的数组。

```
CRusBlockView::CRusBlockView()
{
    //TODO：在此处添加构造代码
    for (int i = 0; i<HIGH; i++)
        for (int j = 0; j<WIDE; j++)
            m_intState[i][j] = 0;
```

```
m_intLevel = NORMAL;                          //初始化难度
srand((unsigned)time(NULL));                  //初始化随机数
m_intScore = 0;
m_CurrentCom.intComID = -1;
m_CurrentCom.intDimension = 0;
m_CurrentCom.pintArray = NULL;


//初始化 7 个部件
//0:方块
m_Componets[0].intComID = 0;
m_Componets[0].intDimension = 2;
m_Componets[0].pintArray = new int[4];
for (int i = 0; i<4; i++)
    m_Componets[0].pintArray[i] = 1;        //1 1
                                            //1 1
                                            //1

m_Componets[1].intComID = 1;
m_Componets[1].intDimension = 3;
m_Componets[1].pintArray = new int[9];
m_Componets[1].pintArray[0] = 0;
m_Componets[1].pintArray[1] = 1;
m_Componets[1].pintArray[2] = 0;            //0 1 0
m_Componets[1].pintArray[3] = 1;            //1 1 1
m_Componets[1].pintArray[4] = 1;            //0 0 0
m_Componets[1].pintArray[5] = 1;
m_Componets[1].pintArray[6] = 0;
m_Componets[1].pintArray[7] = 0;
m_Componets[1].pintArray[8] = 0;


//2
m_Componets[2].intComID = 2;
m_Componets[2].intDimension = 3;
m_Componets[2].pintArray = new int[9];
m_Componets[2].pintArray[0] = 1;
m_Componets[2].pintArray[1] = 0;
m_Componets[2].pintArray[2] = 0;            //1 0 0
m_Componets[2].pintArray[3] = 1;            //1 1 0
m_Componets[2].pintArray[4] = 1;            //0 1 0
m_Componets[2].pintArray[5] = 0;
m_Componets[2].pintArray[6] = 0;
m_Componets[2].pintArray[7] = 1;
m_Componets[2].pintArray[8] = 0;


//3
```

```
m_Componets[3].intComID = 3;
m_Componets[3].intDimension = 3;
m_Componets[3].pintArray = new int[9];
m_Componets[3].pintArray[0] = 0;
m_Componets[3].pintArray[1] = 0;
m_Componets[3].pintArray[2] = 1;    //0 0 1
m_Componets[3].pintArray[3] = 0;    //0 1 1
m_Componets[3].pintArray[4] = 1;    //0 1 0
m_Componets[3].pintArray[5] = 1;
m_Componets[3].pintArray[6] = 0;
m_Componets[3].pintArray[7] = 1;
m_Componets[3].pintArray[8] = 0;

//4
m_Componets[4].intComID = 4;
m_Componets[4].intDimension = 3;
m_Componets[4].pintArray = new int[9];
m_Componets[4].pintArray[0] = 1;
m_Componets[4].pintArray[1] = 0;
m_Componets[4].pintArray[2] = 0;    //1 0 0
m_Componets[4].pintArray[3] = 1;    //1 1 1
m_Componets[4].pintArray[4] = 1;    //0 0 0
m_Componets[4].pintArray[5] = 1;
m_Componets[4].pintArray[6] = 0;
m_Componets[4].pintArray[7] = 0;
m_Componets[4].pintArray[8] = 0;

//5
m_Componets[5].intComID = 5;
m_Componets[5].intDimension = 3;
m_Componets[5].pintArray = new int[9];
m_Componets[5].pintArray[0] = 0;
m_Componets[5].pintArray[1] = 0;
m_Componets[5].pintArray[2] = 1;    //0 0 1
m_Componets[5].pintArray[3] = 1;    //1 1 1
m_Componets[5].pintArray[4] = 1;    //0 0 0
m_Componets[5].pintArray[5] = 1;
m_Componets[5].pintArray[6] = 0;
m_Componets[5].pintArray[7] = 0;
m_Componets[5].pintArray[8] = 0;

//6
m_Componets[6].intComID = 6;
m_Componets[6].intDimension = 4;
m_Componets[6].pintArray = new int[16];
```

```
m_Componets[6].pintArray[0] = 0;
m_Componets[6].pintArray[1] = 1;
m_Componets[6].pintArray[2] = 0;      //0 1 0 0
m_Componets[6].pintArray[3] = 0;      //0 1 0 0
m_Componets[6].pintArray[4] = 0;      //0 1 0 0
m_Componets[6].pintArray[5] = 1;      //0 1 0 0
m_Componets[6].pintArray[6] = 0;
m_Componets[6].pintArray[7] = 0;
m_Componets[6].pintArray[8] = 0;
m_Componets[6].pintArray[9] = 1;
m_Componets[6].pintArray[10] = 0;
m_Componets[6].pintArray[11] = 0;
m_Componets[6].pintArray[12] = 0;
m_Componets[6].pintArray[13] = 1;
m_Componets[6].pintArray[14] = 0;
m_Componets[6].pintArray[15] = 0;
}
```

（6）在 CRusBlockView 类的析构函数中释放内存。

```
CRusBlockView::~CRusBlockView()
{
    //释放内存
    for (int i = 0; i<MAXCOM; i++)
        delete[] m_Componets[i].pintArray;

    delete[] m_CurrentCom.pintArray;
}
```

（7）在 OnDraw 中添加绘图代码。

```
void CRusBlockView::OnDraw(CDC* pDC)
{
    CRusBlockDoc* pDoc = GetDocument();
    ASSERT_VALID(pDoc);
    if (!pDoc)
        return;
    //TODO：在此处为本机数据添加绘制代码
    //画游戏区域
    CBrush brushBK(RGB(135, 197, 255));
    CBrush* pbrushOld = pDC->SelectObject(&brushBK);
    pDC->Rectangle(LEFT - 1, TOP - 1, LEFT + WIDE*SIZE + 1,
        TOP + HIGH*SIZE + 1);

    //画不能移动的方块
    CBrush brushStick(RGB(127, 127, 127));
    pDC->SelectObject(&brushStick);
```

```
for (int i = 0; i<HIGH; i++)
    for (int j = 0; j<WIDE; j++)
        if (m_intState[i][j] == 1)
            pDC->Rectangle(LEFT + SIZE*j, TOP + SIZE*i, LEFT +SIZE*(j + 1),
                TOP + SIZE*(i + 1));
//画下落的部件
if (m_CurrentCom.intComID >= 0)
{
    CBrush brushCom(RGB(0, 255, 0));
    pDC->SelectObject(&brushCom);
    int intDimension = m_CurrentCom.intDimension;
    for (int i = 0; i<intDimension*intDimension; i++)
    {
        if (m_CurrentCom.pintArray[i] == 1)
        {
        int m = ptIndex.x + i / intDimension;
                                    //找出部件对应整体数组中的位置
        int n = ptIndex.y + (i%intDimension);
        pDC->Rectangle(LEFT + SIZE*n, TOP + SIZE*m, LEFT + SIZE*(n + 1),
            TOP + SIZE*(m + 1));
        }
    }
}


//显示得分
CString strOut;
strOut.Format(L"得分 %d", m_intScore);
pDC->TextOut(LEFT + WIDE*SIZE + 50, TOP + 100, strOut);
}
```

（8）在 CRusBlockView 类上右击，选择“属性”，在消息一栏中找到 WM_TIMER 消息，选择添加一个新的消息，随后在生成的定时器消息处理函数中添加代码。

```
void CRusBlockView::OnTimer(UINT_PTR nIDEvent)
{
    //TODO: 在此添加消息处理程序代码和/或调用默认值
    int intDimension = m_CurrentCom.intDimension;
    if (CanDown())  //可以下落
    {
        //擦除
        MyInvalidateRect(ptIndex, intDimension);
        //下落
        ptIndex.x++;
        //显示新位置上的部件
        MyInvalidateRect(ptIndex, intDimension);
    }
```

```
    else
    {
        for (int i = 0; i<intDimension*intDimension; i++)
        {
            if (m_CurrentCom.pintArray[i] == 1)
            {
            int m = ptIndex.x + i / intDimension;
                                            //找出部件对应整体数组中的位置
            int n = ptIndex.y + (i%intDimension);
            m_intState[m][n] = 1;
            }
        }
        MyInvalidateRect(ptIndex, intDimension);
        Disappear();          //消去行
        if (CheckFail())      //游戏结束
        {
            m_CurrentCom.intComID = -1;
            KillTimer(1);
            MessageBoxW(L"Game Over!");
        }
        else
            NewComponet();    //新部件
    }

    CView::OnTimer(nIDEvent);
}
```

（9）类似于步骤（8），添加键盘消息 **WM_KEYDOWM**，并添加代码。

```
void CRusBlockView::OnKeyDown(UINT nChar, UINT nRepCnt, UINT nFlags)
{
    //TODO: 在此添加消息处理程序代码和/或调用默认值
    int intDimension = m_CurrentCom.intDimension;
    switch (nChar) //left 37, right 39, up 38
    {
    case 37:
        if (CanLeft())
        {
            //擦除
            MyInvalidateRect(ptIndex, intDimension);
            //左移
            ptIndex.y--;
            //显示新位置上的部件
            MyInvalidateRect(ptIndex, intDimension);
        }
        break;
```

```
        case 39:
            if (CanRight())
            {
                //擦除
                MyInvalidateRect(ptIndex, intDimension);
                //右移
                ptIndex.y++;
                //显示新位置上的部件
                MyInvalidateRect(ptIndex, intDimension);
            }
            break;
        case 38:
            if (CanRotate())
            {
                //擦除
                MyInvalidateRect(ptIndex, intDimension);
                //转动
                int* pintNewCom = new int[intDimension*intDimension];
                for (int i = 0; i<intDimension*intDimension; i++)
                {
                    int intR = intDimension*(intDimension - (i%intDimension) - 1)
                        + (i / intDimension);
                    pintNewCom[i] = m_CurrentCom.pintArray[intR];
                }
                for (int i = 0; i<intDimension*intDimension; i++)
                {
                    m_CurrentCom.pintArray[i] = pintNewCom[i];
                }
                delete[] pintNewCom;
                //显示新位置上的部件
                MyInvalidateRect(ptIndex, intDimension);
            }
            break;
        }
    CView::OnKeyDown(nChar, nRepCnt, nFlags);
}
```

（10）直接在 **CRusBlockView** 添加产生一个新部件的代码。

```
//产生一个新的部件
void CRusBlockView::NewComponet(void)
{
    int intComID = rand() % 7;      //产生随机数
    m_CurrentCom.intComID = intComID;
    int intDimension = m_Componets[intComID].intDimension;
    m_CurrentCom.intDimension = intDimension;
```

```
    delete[] m_CurrentCom.pintArray; //删除上一个部件的内存分配
    m_CurrentCom.pintArray = new int[intDimension*intDimension];
    //拷贝部件
    for (int i = 0; i<intDimension*intDimension; i++)
        m_CurrentCom.pintArray[i] = m_Componets[intComID].pintArray[i];

    ptIndex.x = 0;
    ptIndex.y = 5;

    //检查是否有足够的空位显示新的部件，否则游戏结束
    if (CanNew())
    {
        //显示该部件
        MyInvalidateRect(ptIndex, intDimension);
    }
    else
    {
        m_CurrentCom.intComID = -1;
        KillTimer(1);
        MessageBoxW(L"Game Over!");
    }
}
```

（11）直接添加判断部件是否可以下落、旋转、左移、右移和新放入一个部件的代码。这5个函数均返回一个布尔值。

```
//是否还可以下落
bool CRusBlockView::CanDown(void)
{
    bool boolDown=true;
    POINT intNewIndex=ptIndex;    //假设可以下落
    intNewIndex.x++;
    int intDimension=m_CurrentCom.intDimension;

    for(int i=0;i<intDimension*intDimension;i++)
    {
        if(m_CurrentCom.pintArray[i]==1)
        {
            int m=intNewIndex.x+i/intDimension;//找出部件对应整体数组中的位置
            int n=intNewIndex.y+(i%intDimension);
            if(m>=HIGH || m_intState[m][n]==1) //被挡住或出游戏区域
                boolDown=false;
        }
    }
    return boolDown;
}
```

```
//可以左移
bool CRusBlockView::CanLeft(void)
{
    bool boolLeft=true;
    int intDimension=m_CurrentCom.intDimension;
    POINT ptNewIndex=ptIndex;                    //假设可以左移
    ptNewIndex.y--;

    for(int i=0;i<intDimension*intDimension;i++)
    {
        if(m_CurrentCom.pintArray[i]==1)
        {
            int m=ptNewIndex.x+i/intDimension;   //找出部件对应整体数组中的位置
            int n=ptNewIndex.y+(i%intDimension);
            if(n<0 || m_intState[m][n]==1)          //被挡住或出游戏区域
                boolLeft=false;
        }
    }
    return boolLeft;
}

//可以右移
bool CRusBlockView::CanRight(void)
{
    bool boolRight=true;
    int intDimension=m_CurrentCom.intDimension;
    POINT ptNewIndex=ptIndex;                    //假设可以右移
    ptNewIndex.y++;

    for(int i=0;i<intDimension*intDimension;i++)
    {
        if(m_CurrentCom.pintArray[i]==1)
        {
            int m=ptNewIndex.x+i/intDimension;   //找出部件对应整体数组中的位置
            int n=ptNewIndex.y+(i%intDimension);
            if(n>=WIDE || m_intState[m][n]==1)   //被挡住或出游戏区域
                boolRight=false;
        }
    }
    return boolRight;
}
//可以旋转
bool CRusBlockView::CanRotate(void)
{
    bool boolRotate=true;
```

```
    int intDimension=m_CurrentCom.intDimension;
    POINT ptNewIndex=ptIndex;

    //假设可以转动
    //新的矩阵存储转动后的部件
    int* pintNewCom=new int[intDimension*intDimension];
    //顺时针转动并判断
    for(int i=0;i<intDimension*intDimension;i++)
    {
        int intR=intDimension*(intDimension-(i%intDimension)-1)+
        (i/intDimension);
        pintNewCom[i]=m_CurrentCom.pintArray[intR];
        if(pintNewCom[i]==1)
        {
            int m=ptNewIndex.x+i/intDimension;  //找出部件对应整体数组中的位置
            int n=ptNewIndex.y+(i%intDimension);
            if(n<0 || m_intState[m][n]==1 || n>=WIDE || m>=HIGH)
                                                //被挡住或出游戏区域
                boolRotate=false;
        }
    }
    delete [] pintNewCom;
    return boolRotate;
}

//可以产生新的部件
bool CRusBlockView::CanNew(void)
{
    bool boolNew=true;
    int intDimension=m_CurrentCom.intDimension;
    POINT ptNewIndex=ptIndex;                         //假设可以
    for(int i=0;i<intDimension*intDimension;i++)
    {
        if(m_CurrentCom.pintArray[i]==1)
        {
            int m=ptNewIndex.x+i/intDimension;  //找出部件对应整体数组中的位置
            int n=ptNewIndex.y+(i%intDimension);
            if(m_intState[m][n]==1)                   //被挡住
                boolNew=false;
        }
    }
    return boolNew;
}
```

（12）直接添加判断游戏是否结束，是否可以消去一行的代码，游戏的计分也在判断消去的代码中。

```
//判断游戏是否结束
bool CRusBlockView::CheckFail(void)
{
    bool boolEnd=false;
    for(int j=0;j<WIDE;j++)
        if(m_intState[0][j]==1)
            boolEnd=true;
    return boolEnd;
}

//消去行
void CRusBlockView::Disappear(void)
{
    int intLine=0;      //一次消去的行数
    for(int i=HIGH-1;i>=0;i--)
    {
        bool boolLine=true;
        for(int j=0;j<WIDE;j++)
            if(m_intState[i][j]==0)
                boolLine=false;
        if(boolLine)   //行可以消去
        {
            intLine++;
            //向下移动
            for(int m=i;m>0;m--)
                for(int n=0;n<WIDE;n++)
                    m_intState[m][n]=m_intState[m-1][n];
            for(int n=0;n<WIDE;n++)
                m_intState[0][n]=0;     //最顶层清除
            i++;
        }
    }

    if(intLine>0)
    {
        m_intScore+=(intLine-1)*200+100;
        InvalidateRect(CRect(LEFT+WIDE*SIZE+50,
            TOP+100,LEFT+WIDE*SIZE+200,TOP+200));
    }
    InvalidateRect(CRect(LEFT,TOP,LEFT+WIDE*SIZE,
                TOP+HIGH*SIZE));
}
```

（13）添加菜单的消息代码，右击 CRusBlockView 类选择"属性"，然后选择事件（不是消息），展开菜单，为每一项添加 Command 事件的处理函数，如图 2-4 所示。

图 2-4 菜单的消息处理函数

代码如下：

```
void CRusBlockView::OnGameStart()
{
    //TODO: 在此添加命令处理程序代码
    for (int i = 0; i<HIGH; i++)
        for (int j = 0; j<WIDE; j++)
            m_intState[i][j] = 0;

    m_intScore = 0;
    Invalidate();
    NewComponet();
    SetTimer(1, m_intLevel, NULL);
}
void CRusBlockView::OnGameEnd()
{
    //TODO: 在此添加命令处理程序代码
    KillTimer(1);
}

void CRusBlockView::OnLevelEasy()
{
    //TODO: 在此添加命令处理程序代码
    m_intLevel = EASY;
}

void CRusBlockView::OnLevelHard()
{
    //TODO: 在此添加命令处理程序代码
```

```
    m_intLevel = HARD;
}


void CRusBlockView::OnLevelNormal()
{
    //TODO：在此添加命令处理程序代码
    m_intLevel = NORMAL;
}
```

（14）最后是为了方便起见，重新改写了屏幕的刷新代码：

```
void CRusBlockView::MyInvalidateRect(POINT ptStart, int intDimension)
{
    //刷新了一个以 ptStart 为左上角，长度为 intDimension 的正方形区域，
    //同时注意判断了不要越出游戏区域
int x1=LEFT+ptStart.y*SIZE;
    x1=x1>LEFT?x1:LEFT;
    int y1=TOP+ptStart.x*SIZE;
    y1=y1>TOP?y1:TOP;
    int x2=LEFT+(ptStart.y+intDimension)*SIZE;
    x2=x2>LEFT+WIDE*SIZE?LEFT+WIDE*SIZE:x2;
    int y2=TOP+(ptStart.x+intDimension)*SIZE;
    y2=y2>TOP+HIGH*SIZE?TOP+HIGH*SIZE:y2;
    InvalidateRect(CRect(x1,y1,x2,y2));
}
```

输入输出：
游戏时，程序的界面如图 2-5 所示。

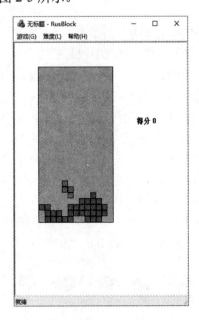

图 2-5　程序界面

进一步工作：

本程序实现了一个初步的俄罗斯方块游戏，但有些功能未实现，如向下的加速键（通常为向下的方向键）。此外，一般的俄罗斯方块游戏在下落一个部件的时候，会将下一个将要下落的部件也显示在旁边，这该如何实现？请读者自行添加代码来完成。

2.5 走 迷 宫

程序开始运行时显示一个迷宫地图，迷宫中央有一老鼠。迷宫的右下方有一粮仓。游戏任务是使用键盘上的方向键操纵老鼠在规定的时间内走到粮仓处。可用键盘操纵老鼠上下左右移动；老鼠不能穿墙而过；若老鼠在规定时间内走到粮仓处，提示成功，否则提示失败；可以让游戏者自己编辑迷宫，可修改当前迷宫。修改内容：墙变路、路变墙；迷宫地图可以保存为文件存盘并读出。

2.5.1 要点分析

仅仅从表面来分析这一问题似乎无从下手，如何自由地更改存在于客户区的一幅迷宫地图，并使另一个图形在其上自由地运动并准确判断其位置和胜利条件。实际上，这些操作都是通过存在于这些表象后面的数据结构的操作来实现的。

将迷宫理解为二维数组，数组元素的值就决定了迷宫的显示（是墙还是路）。一旦数组元素的值发生了改变，对应的迷宫的显示也就随之变化。这样对迷宫的编辑问题就转化为对内部数组元素值的变化问题。同样，老鼠在迷宫的位置实际上也是数组上的一个点，判断它能不能向某一个方向运动就是判断该方向的下一个数组元素的值是什么：如果是路，根据事先设置好的规则，它是可以运动的；如果是墙，则不能移动。

2.5.2 编程步骤

（1）首先生成一个名为 Maze 的 SDI 程序框架，在向导的第一步"应用程序类型"中，选择"单个文档"，在项目类型中选择"MFC 标准"；在第（3）步，文档属性页中，在文件扩展名的框中填入"Maz"（没有双引号）；在高级功能页中，取消选择"打印和打印预览"的选项；其他选项均可用默认设置。

（2）打开资源视图，向项目中添加位图资源，为了显示不同移动方向的区别，需要有一个粮仓位图和四幅不同运动方向的老鼠位图，如图 2-6 所示。在资源视图的 Maze.rc 上右击，选择添加资源，打开"资源添加"对话框。如果有 5 幅合适的尺寸位图，可以按下导入按钮将 5 个位图依次导入；或者按下对话框上的"新建"按钮进入相应的 Bitmap 编辑器手工绘制这 5 个位图（也可以使用 Windows 的画板程序，其功能更强大）。在资源视图中展开 BITMAP 文件夹，将 5 个位图的标识符分别改为 IDB_FOOD、IDB_MOUSEDOWN、IDB_MOUSELEFT、IDB_MOUSERIGHT 和 IDB_MOUSEUP。

图 2-6　粮仓位图和 4 幅运动方向相反的老鼠位图

（3）编辑项目的菜单资源，在框架窗口的主菜单（IDR_MAINFRAME）中添加一个下拉菜单选项"游戏"，内含三个菜单选项："开始""暂停"和"编辑迷宫"，其标识符分别改为 ID_BEGIN、ID_END 和 ID_MAP，如表 2-2 所示。保留"文件"菜单，删除其多余的菜单项和工具栏上多余的按钮。

表 2-2　菜单编辑

ID	Caption	Prompt
ID_BEGIN	开始	游戏开始计时
ID_END	暂停	暂停当前游戏

（4）添加这三个菜单的消息处理函数到 CMazeView 类。

（5）完成以上工作后，即可修改程序框架，添加必要的代码。

程序清单：

（1）在文档类的声明中，添加迷宫和老鼠的定义。

```
class CMazeDoc : public CDocument
{
public:
    int m_nMaze[20][20];        //迷宫所对应的数组，0 为路，1 为墙
    int m_nWidth;               //迷宫中每格的宽度
    int m_nHeight;              //迷宫中每格的高度
    int m_nX;                   //老鼠所在位置的 x 坐标
    int m_nY;                   //老鼠所在位置的 y 坐标
protected: //仅从序列化创建
    CMazeDoc();
    DECLARE_DYNCREATE(CMazeDoc)
//特性
public:
//操作
public:
//重写
public:
    virtual BOOL OnNewDocument();
    virtual void Serialize(CArchive& ar);
#ifdef SHARED_HANDLERS
    virtual void InitializeSearchContent();
    virtual void OnDrawThumbnail(CDC& dc, LPRECT lprcBounds);
#endif //SHARED_HANDLERS
//实现
public:
    virtual ~CMazeDoc();
#ifdef _DEBUG
    virtual void AssertValid() const;
    virtual void Dump(CDumpContext& dc) const;
#endif
```

```
protected:
//生成的消息映射函数
protected:
    DECLARE_MESSAGE_MAP()
#ifdef SHARED_HANDLERS
    //用于为搜索处理程序设置搜索内容的 Helper 函数
    void SetSearchContent(const CString& value);
#endif //SHARED_HANDLERS
};
```

（2）迷宫初始化（在文档类成员函数 OnNewDocument()中，添加如下代码）。

```
BOOL CMazeDoc::OnNewDocument()
{
    if (!CDocument::OnNewDocument())
        return FALSE;
    //TODO: 在此添加重新初始化代码
    //(SDI 文档将重用该文档)
    //将迷宫初始化显示为周围一圈围墙的空白场地
    for (int i = 0; i<20; i++)
        for (int j = 0; j<20; j++)
            m_nMaze[i][j] = 0;
    for (int i = 0; i<20; i++)
    {
        m_nMaze[0][i] = 1;
        m_nMaze[19][i] = 1;
        m_nMaze[i][0] = 1;
        m_nMaze[i][19] = 1;
    }
    m_nWidth = 20;
    m_nHeight = 20;
    //老鼠的初始位置
    m_nX = 10;
    m_nY = 10;
    return TRUE;
}
```

（3）在视图类的定义中添加如下数据成员。

```
class CMazeView : public CView
{
protected: //仅从序列化创建
    CMazeView();
    DECLARE_DYNCREATE(CMazeView)
private:
    CBitmap m_bmpFood;
    CBitmap m_bmpMouse;
```

```
    int m_iTmrCnt;            //计时器
```

//特性
```
public:
    CMazeDoc* GetDocument() const;
```
//操作
```
public:
```

//重写
```
public:
    virtual void OnDraw(CDC* pDC);  //重写以绘制该视图
    virtual BOOL PreCreateWindow(CREATESTRUCT& cs);
protected:
```

//实现
```
public:
    virtual ~CMazeView();
#ifdef _DEBUG
    virtual void AssertValid() const;
    virtual void Dump(CDumpContext& dc) const;
#endif
protected:
```

//生成的消息映射函数
```
protected:
    DECLARE_MESSAGE_MAP()
public:
    afx_msg void OnBegin();
    afx_msg void OnEnd();
    afx_msg void OnMap();
    afx_msg void OnRButtonDown(UINT nFlags, CPoint point);
};
```

（4）在视图类构造函数中对这些数据成员进行初始化，添加如下代码。

```
CMazeView::CMazeView()
{
    //TODO: 在此处添加构造代码
    m_bmpFood.LoadBitmap(IDB_FOOD);
    m_bmpMouse.LoadBitmap(IDB_MOUSERIGHT);
    m_iTmrCnt = 60;
}
```

（5）显示（在视图类成员函数 OnDraw(CDC* pDC)中，添加如下代码）。

```
void CMazeView::OnDraw(CDC* pDC)
{
    CMazeDoc* pDoc = GetDocument();
```

```
    ASSERT_VALID(pDoc);
    if (!pDoc)
        return;
    //TODO：在此处为本机数据添加绘制代码
    //根据迷宫所对应的内部数组元素的值显示路或墙
    for (int i = 0; i<20; i++)
        for (int j = 0; j<20; j++)
        {
            if (pDoc->m_nMaze[i][j] == 0)
            {
                pDC->SelectStockObject(LTGRAY_BRUSH);
                pDC->SelectStockObject(WHITE_PEN);
            }
            else
            {
                pDC->SelectStockObject(BLACK_BRUSH);
                pDC->SelectStockObject(BLACK_PEN);
            }
            pDC->Rectangle(10 + i*pDoc->m_nWidth,
                10 + j*pDoc->m_nHeight,
                10 + i*pDoc->m_nWidth + pDoc->m_nWidth,
                10 + j*pDoc->m_nHeight + pDoc->m_nHeight);
        }
//显示粮仓
    CDC MemFood;
    MemFood.CreateCompatibleDC(NULL);
    MemFood.SelectObject(&m_bmpFood);
pDC->BitBlt(10+18*pDoc->m_nWidth, 10 + 18 * pDoc->m_nHeight, pDoc->m_nWidth,
pDoc->m_nHeight, &MemFood, 0, 0, SRCCOPY);
    //显示老鼠
    CDC MemMouse;
    MemMouse.CreateCompatibleDC(NULL);
    MemMouse.SelectObject(&m_bmpMouse);
    pDC->BitBlt(10+pDoc->m_nX*pDoc->m_nWidth,10+ Doc->m_nY*pDoc->m_nHeight,
    pDoc->m_nWidth, pDoc->m_nHeight, &MemMouse, 0, 0, SRCAND);
    //在客户区显示时间变化情况
    CString strDisplay;
    strDisplay.Format(L"游戏者剩余时间：%d", m_iTmrCnt);
    pDC->TextOut(445, 70, strDisplay);
}
```

（6）迷宫的编辑（在视图类添加鼠标右键按下消息，然后在成员函数 OnRButtonDown（UINT nFlags, CPoint point）中，添加如下代码）。

```
void CMazeView::OnRButtonDown(UINT nFlags, CPoint point)
{
```

```
    //TODO: 在此添加消息处理程序代码和/或调用默认值
    CMazeDoc* pDoc = GetDocument();
    ASSERT_VALID(pDoc);
    int x = (point.x - 10) / pDoc->m_nWidth;
    int y = (point.y - 10) / pDoc->m_nWidth;
    //在某处点击对迷宫进行修改，墙变路、路变墙
    if (pDoc->m_nMaze[x][y] == 0)
        pDoc->m_nMaze[x][y] = 1;
    else
        pDoc->m_nMaze[x][y] = 0;
    InvalidateRect(CRect(point.x - 20, point.y - 20, point.x + 20, point.y
+ 20));

    CView::OnRButtonDown(nFlags, point);
}
```

（7）迷宫地图的存取（在文档类成员函数 Serialize (CArchive& ar)中，添加如下代码）。

```
void CMazeDoc::Serialize(CArchive& ar)
{
    if (ar.IsStoring())
    {
        for (int i = 0; i<20; i++)
            for (int j = 0; j<20; j++)
                ar << m_nMaze[i][j];
    }
    else
    {
        for (int i = 0; i<20; i++)
            for (int j = 0; j<20; j++)
                ar >> m_nMaze[i][j];
    }
}
```

（8）修改老鼠位置（在视图类添加键盘消息，然后在成员函数 OnKeyDown(UINT nChar, UINT nRepCnt, UINT nFlags)中，添加如下代码）。

```
void CMazeView::OnKeyDown(UINT nChar, UINT nRepCnt, UINT nFlags)
{
    //TODO: 在此添加消息处理程序代码和/或调用默认值
    CMazeDoc* pDoc = GetDocument();
    ASSERT_VALID(pDoc);
    CRect rect;
    rect = CRect(10 + pDoc->m_nX*pDoc->m_nWidth,
        10 + pDoc->m_nY*pDoc->m_nHeight,
        10 + pDoc->m_nX*pDoc->m_nWidth + pDoc->m_nWidth,
```

```
        10 + pDoc->m_nY*pDoc->m_nHeight + pDoc->m_nHeight);
    InvalidateRect(rect, TRUE);        //擦除原位置图形
    switch (nChar)                     //根据不同的键盘输入选择不同的位图资源
    {
    case VK_UP:
        m_bmpMouse.Detach();           //分离释放原来的位图资源
        m_bmpMouse.LoadBitmap(IDB_MOUSEUP);
        if(pDoc->m_nMaze[pDoc->m_nX][pDoc->m_nY - 1] == 0)
            pDoc->m_nY--;              //只有当上方的元素为0（对应路）才能走
        break;
    case VK_DOWN:
        m_bmpMouse.Detach();           //分离释放原来的位图资源
        m_bmpMouse.LoadBitmap(IDB_MOUSEDOWN);
        if(pDoc->m_nMaze[pDoc->m_nX][pDoc->m_nY + 1] == 0)
            pDoc->m_nY++;              //只有当下方的元素为0（对应路）才能走
        break;
    case VK_LEFT:
        m_bmpMouse.Detach();           //分离释放原来的位图资源
        m_bmpMouse.LoadBitmap(IDB_MOUSELEFT);
        if(pDoc->m_nMaze[pDoc->m_nX - 1][pDoc->m_nY] == 0)
            pDoc->m_nX--;              //只有当左方的元素为0（对应路）才能走
        break;
    case VK_RIGHT:
        m_bmpMouse.Detach();           //分离释放原来的位图资源
        m_bmpMouse.LoadBitmap(IDB_MOUSERIGHT);
        if(pDoc->m_nMaze[pDoc->m_nX + 1][pDoc->m_nY] == 0)
            pDoc->m_nX++;              //只有当右方的元素为0（对应路）才能走
        break;
    }
    if(pDoc->m_nX == 18 && pDoc->m_nY == 18)
    {   //如果在给定时间到达粮仓
        MessageBoxW(L"你胜利了");
        KillTimer(1);
        exit(0);                       //退出程序
    }
    rect = CRect(10 + pDoc->m_nX*pDoc->m_nWidth,
        10 + pDoc->m_nY*pDoc->m_nHeight,
        10 + pDoc->m_nX*pDoc->m_nWidth + pDoc->m_nWidth,
        10 + pDoc->m_nY*pDoc->m_nHeight + pDoc->m_nHeight);
    InvalidateRect(rect, FALSE);       //重画新位置图形
    CView::OnKeyDown(nChar, nRepCnt, nFlags);
}
```

（9）设置定时器（在菜单消息响应函数 OnBegin()中，添加如下代码）。

```
void CMazeView::OnBegin()
```

```
{
    //TODO：在此添加命令处理程序代码
    SetTimer(1, 1000, NULL);
}
```

（10）在视图类中添加定时器消息，在 OnTimer(UINT nIDEvent) 中添加如下代码。

```
void CMazeView::OnTimer(UINT_PTR nIDEvent)
{
    //TODO：在此添加消息处理程序代码和/或调用默认值
    m_iTmrCnt--;
    if(m_iTmrCnt<0)
    {    //游戏者超时
        KillTimer(1);
        MessageBoxW(L"超过指定时间，你输了！");
        exit(0);              //退出程序
    }
    InvalidateRect(CRect(445, 70, 600, 90));

    CView::OnTimer(nIDEvent);
}
```

（11）释放定时器（在菜单消息响应函数 OnEnd()中，添加如下代码）。

```
void CMazeView::OnEnd()
{
    //TODO：在此添加命令处理程序代码
    KillTimer(1);
}
```

输入输出如图 2-7 所示。

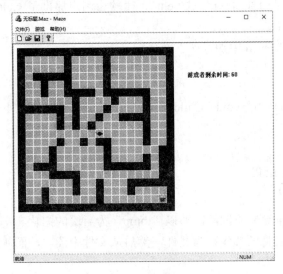

图 2-7　迷宫

程序开始显示一只处于迷宫中的老鼠，如图 2-7 所示，在选择下拉菜单"游戏"中的"开始"后，程序开始计时，用户可以使用键盘上的方向键操纵这只老鼠在其中活动，如果在规定的时间内走出迷宫，到达粮仓处，则游戏胜利。同时，程序还提供建立和修改迷宫地图的功能，只要使用鼠标右键在迷宫图形上单击即可，修改好的迷宫地图可以通过"文件"菜单中的"保存"命令来实现存储。

2.6　MFC 游戏编程关键点

2.6.1　游戏贴图与透明特效

对于一个游戏来说，画面的华丽程度很大程度上决定了它的火热程度。而精美游戏的实现就是通过贴图来实现的。本节将讲解使用 CBitmap 和 CImage 两种贴图方式，以及透明贴图的实现。

创建一个窗口之后，显示的屏幕上便划分出三个区域：屏幕区（Screen）、窗口区（Window）与内部窗口区（Client）。DeviceContext（设备内容）一般简称为 DC，DC 就是程序可以进行绘图的地方。若要取得窗口的 DC，可以调用下面这个函数：

```
HDC GetDC(); //取得 DC
```

若使用 GetDC()函数取得窗口 DC 后，必须使用 ReleaseDC()函数将 DC 释放。

```
Int ReleaseDC(HDC 要释放的 DC 名称);//释放 DC，若成功返回 1，否则返回 0
```

在 MFC 单文档程序中，调整好窗口后，剩下的文件只需要关注 CChildView.h 和 CChildView.cpp。这个视图类会展示出程序的画面。需要定义变量或者属性的时候可以在 ChildView.h 里面进行，变量如果需要初始化，需放在 ChildView.cpp 中的 BOOL CChildView::PreCreateWindow(CREATESTRUCT&cs)函数里进行。获得 DC 后，需要获得画图地方的大小，就是内部窗口区（Client），微软为用户提供了 GetClientRect，就可以画图了，最后需要释放 DC。

例如，在 CChildView.h 中加入如下变量定义：

```
CRect m_client;
```

然后在 CChildView.cpp 中的 void CChildView::OnPaint()函数中写入下面的代码：

```
CDC *cDC=this->GetDC();        //获得当前窗口的 DC
GetClientRect(&m_client);      //获得窗口的尺寸
//加入我们要绘制的代码
ReleaseDC(cDC);                //释放 DC
```

CBitmap 类是用来绘制位图的，即以".bmp"为后缀的图片。一般游戏之中，需要使用的图片比较多，都会将图片先存为文件，然后从文件中读取，而从文件中读取图片的步骤如下。

（1）建立一个与窗口 DC 兼容的内存 DC。

```
CDC m_bgcDC;
m_bgcDC.CreateCompatibleDC(NULL);
```

（2）加载资源中的位图。首先将位图添加进资源中。方法是右击工程名→"添加"→"资源"，选择 Bitmap，单击导入，然后找到需要添加的位图即可。添加完成后会有一个 ID，显示在资源视图下的 Bitmap 栏，位图的 ID 可以修改，默认是第 1 个是 IDB_BITMAP1，事实上它是一个整型数字。读者可以将其编号为连续的数字，方便在循环中加载位图，以及使用它们来显示动画效果。先定义一个位图对象：

```
CBitmap m_bgBitmap;
m_bgBitmap.LoadBitmap(IDB_BITMAP1);
```

（3）选用位图对象。加载完毕后，将这张图和这个 DC 关联起来：

```
m_bgcDC.SelectObject(&m_bgBitmap);
```

（4）将内存 DC 的内容粘贴到窗口 DC 中，绘制出来：

```
cDC->BitBlt(0,0,m_client.Width(),m_client.Height(),&m_bgcDC,0,0,SRCCOPY);
```

如果在贴图的时候不需要背景色，可以采用 TransparentBlt 函数来代替 BitBlt 函数进行贴图，该函数的参数最后一个表示透明的颜色。例如不希望白色被显示出来，可以设置最后一个参数为 RGB(255,255,255)，RGB 是一个宏，其三个参数分别表示红色、绿色、蓝色三原色的分量，范围为 0～255。

2.6.2　定时器

定时器（Timer）对象可以每隔一段时间发出一个时间消息，程序一旦接收到此消息之后，便可以决定接下来要做哪些事情。Windows API 的 SetTimer()函数可为窗口建立一个定时器，并每隔一段时间就发出 WM_TIMER 消息，此函数的定义是：

```
UINT_PTRSetTimer(
UINT_PTRnIDEvent,        //定时器代号
UINTuElapse,             //时间间隔
TIMERPROClpTimerFunc     //处理函数
);
```

SetTimer()函数的第 1 个参数是定时器的代号，这个代号在同一个窗口中必须是唯一的，且值不为 0；第 2 个参数则是定时器发出 WM_TIMER 消息的时间间隔；第 3 个参数则用于设定由系统调用处理 WM_TIMER 消息的相应函数，如果不用响应函数处理 WM_TIMER 消息，则此参数应设为 NULL。设定一个每隔 100 毫秒发出 WM_TIMER 消息的定时器：

```
SetTimer(1, 100, NULL);
```

定时器建立后，就会一直自动地按照定义设定的时间间隔发出 WM_TIMER 消息，如

果要停用某个定时器：

```
BOOL  KillTimer(int 定时器代号);
```

在 MFC 中，要使用定时器，需要先通过类向导添加 WM_TIMER 消息，在添加完定时器消息后，CChildView.cpp 中会出现：

```
Void CChildView::OnTimer(UINT_PTR nIDEvent)
```

这个函数就是定时器消息处理函数，它的参数 nIDEvent 就是表示执行 OnTimer 函数的定时器的 ID。

2.6.3　减少图像闪烁

游戏开发时，如果贴图贴得太频繁，会导致屏幕的闪烁严重，影响游戏效果。GDI 绘图的时候是先绘制到显存里面，然后显存每隔一段时间把里面的内容输出到屏幕上，这个时间就是刷新周期。在绘图的时候，系统会先用一种背景色擦除掉原来的图像，然后再绘制新的图像。如果这几次绘制不在同一个刷新周期中，那么我们就是先看到背景色，再看到内容，这会导致闪烁的感觉。而绘制的次数越多，看到这种现象的可能性就越大，闪烁得就越厉害。

要减少闪烁，可以事先将要画的所有东西画在一张图片上，然后将这张图直接贴出来，也就是所谓的图像双缓冲技术。先创建一个内存 DC，然后把画图都画在内存 DC 中，最后再一次性地将内存 DC 输出到窗口 DC 中，可以解决画面闪烁的问题，代码如下。

（1）首先在 CChildView.h 中定义两个变量。

```
CDC m_cacheDC;            //缓冲 DC
CBitmap m_cacheCBitmap;  //缓冲位图
```

（2）创建缓冲 DC，在 CChildView.cpp 的 OnPaint 中创建缓冲 DC。

```
m_cacheDC.CreateCompatibleDC(NULL);
m_cacheCBitmap.CreateCompatibleBitmap(cDC,m_client.Width(),m_client.Height());
m_cacheDC.SelectObject(&m_cacheCBitmap);
```

（3）在缓冲 DC 上绘图。

```
m_bg.Draw(m_cacheDC,m_client);
```

（4）缓冲 DC 输出到窗口 DC。

```
cDC->BitBlt(0,0,m_client.Width(),m_client.Height(),&m_cacheDC,0,0,SRCCOPY);
```

2.6.4　简单碰撞检测

碰撞检测是游戏中很复杂的部分。越复杂的算法得到的精度就越高，带来的就是运行速度的下降。在一般的游戏中，为了速度上的考虑，都会采用近似的算法。

精确的算法中比较简单的一种就是通过像素颜色进行，近似算法一般都是根据物体的形状来进行的，包括外接圆、外接矩形等判定方法。有些物体不太规则，可能还会对物体进行分段，每一段是一个小矩形，采用组合起来进行判定的方法。

对于初学者来说，外接矩形方法是一种非常简单，精度又不太差的方法，因为很多物体的形状接近矩形。因此碰撞检测就转化为了判断两个矩形碰撞的问题。图 2-8 是两个矩形 A 和 B 刚好碰撞的情况。

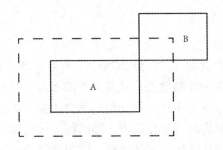

图 2-8　矩形的碰撞与检测

碰撞时满足的条件：假定 A 矩形固定，那么碰撞时，B 矩形的中心在虚线方框内部。那么只需要时刻检查 B 矩形的中心位置是否在红色方框内部即可。

编 程 练 习

1. 在俄罗斯方块的练习中，扩展游戏功能，使其可以下落更多的部件，而不是局限于 7 种标准部件。

2. 在俄罗斯方块的练习中，增加盲打功能。也就是只显示正在下落的部件，已经落下的部件不显示。

3. 在走迷宫游戏中，扩展游戏功能，使其可以自动找到一条走出迷宫的路径。

第 3 章

基于单片机的应用系统开发

本章主要讲解单片机的设备（STC89C52RC）、开发环境（Keil μ Vision 4、烧录软件 STC-ISP），并为读者提供 5 个实验案例，从简单的流水灯、呼吸灯和数码管显示，逐步扩展到在 LCD12864 液晶显示字符串以及利用时钟芯片 DS1302 显示日期。通过对案例的练习，让读者更好地去理解单片机的工作原理，提高程序代码编写能力，进而了解怎样利用单片机去实现从物理世界到计算机世界的转换，例如按键的检测、温度的转换、时间和字符串的显示等内容。

3.1　单片机简述

目前，各个领域都有单片机的踪迹，不只是手机、计算机、玩具、冰箱、空调、电磁炉等和我们生活息息相关的物件，也包括汽车、机器人、飞机、导弹导航装备等高科技设备，这些设备都包含一个或多个单片机。可以说，我们每天用到的电子设备基本都有单片机的存在。如果读者想成为一名硬件工程师，单片机的学习是了解计算机原理和结构的最佳选择。

一台计算机需要由 CPU、RAM、ROM、输入/输出设备等部件构成，这些部件被分成多个芯片并安装在主板上。单片机将这些部件集中安装到一块集成电路芯片上，具有体积小、质量轻、价格便宜的特点，为学习、应用和开发提供了便利条件。

单片机是一种控制芯片，它是一个微型计算机。如果在单片机的基础上添加了晶振、存储器、锁存器、逻辑门、译码器、按钮等部件就组成了单片机系统。一般的单片机有 40 脚封装，也有一些功能强大的单片机有更多引脚，如 68 引脚，早期的单片机也有 10 个或者 20 个引脚。一般主流的单片机包括 CPU、4KB 容量的 RAM、128 KB 容量的 ROM、 2 个 16 位定时/计数器、4 个 8 位并行口、全双工串行口、ADC/DAC、SPI、I2C、ISP、IAP。

单片机支持汇编编程和 C51 编程，两种编程方法各有利弊。汇编编程使用传统的汇编代码，具有代码精简、占用资源少、运行效率高的优点，然而可读性不强、不易移植；C51 编程使用专用的 C 语言编程，C 语言具有模块化管理编程方便、可移植性强、适合编写大程序等优点，缺点是占用资源较多，执行效率没有汇编高。本书采用 Keil c51 进行编程。

3.2　认识 STC89C52RC 单片机

STC89C52RC 单片机是宏晶科技有限公司推出的一种具有高速、低功耗、超强抗干扰特点的小型单片机，其程序的电可擦写特性，使得开发与实验比较容易，为很多嵌入式控制系统提供了一种高性价比的方案。

3.2.1 STC89C52RC 单片机的特点

（1）它是增强型的 8051 单片机，可以任意选择 6 时钟/机器周期和 12 时钟/机器周期，指令系统和引脚上完全兼容 MCS-51 系列的单片机。

（2）工作电压范围：3.8～2.0V（3V 单片机）/5.5～3.3V（5V 单片机）。

（3）工作频率范围：0～40MHz，相当于普通 8051 的 0～80MHz，实际工作频率可达 48MHz。

（4）用户应用程序空间：8KB。

（5）片上集成 RAM：512B。

（6）通用 I/O 口（32 个），复位后为：P1/P2/P3/P4 是准双向口/弱上拉，P0 口是漏极开路输出，作为总线扩展用时，不用加上拉电阻，作为 I/O 口用时，需加上拉电阻。

（7）ISP（在系统可编程）/IAP（在应用可编程），无需专用编程器，无需专用仿真器，可通过串口（输入口 RXD /P3.0，输出口 TXD /P3.1）直接下载用户程序。

（8）具有 EEPROM（带电可擦写可编程只读存储器）和看门狗功能。

（9）具有 3 个 16 位定时器/计数器。即定时器 T0、T1、T2。

3.2.2 STC89C52RC 工作模式

（1）掉电模式：典型功耗<0.1μA；可由外部中断唤醒，中断返回后，再继续执行原程序。

（2）空闲模式：典型功耗 2mA。

（3）正常工作模式：典型功耗 4～7mA。

3.2.3 STC89C52RC 引脚图

如图 3-1 所示，具体功能说明如下。

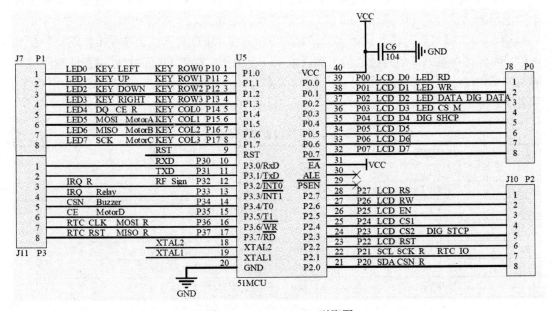

图 3-1 STC89C52RC 引脚图

（1）VCC（40 引脚）：电源电压。

（2）GND（20 引脚）：接地。

（3）P0 端口（P0.0～P0.7，39～32 引脚）：P0 端口是一个漏极开路的 8 位双向 I/O 口。作为输出端口，每个引脚能驱动 8 个 TTL 负载，对端口 P0 写入 "1" 时，可以作为高阻抗输入。在访问外部程序和数据存储器时，P0 口也可提供低 8 位地址和 8 位数据的复用总线，P0 端口内部上拉电阻有效。在 Flash ROM 编程时，P0 端口接收指令字节，而在校验程序时，则输出指令字节，注意在验证时，需外接上拉电阻。

（4）P1 端口（P1.0～P1.7，1～8 引脚）：P1 端口是一个带内部上拉电阻的 8 位双向 I/O 口。P1 端口的输出缓冲器可驱动（吸收或者输出电流方式）4 个 TTL 输入。P1 端口用作输入口使用时，端口写入 1，通过内部的上拉电阻把端口拉到高电位，这样被外部拉低的引脚会输出一个电流。在对 Flash ROM 编程和程序校验时，P1 端口接收低 8 位地址。此外，P1.0 和 P1.1 还可以作为定时器/计数器 2 的外部技术输入（P1.0/T2）和定时器/计数器 2 的触发输入（P1.1/T2EX），具体功能如表 3-1 所示。

表 3-1　P1.0 和 P1.1 引脚复用功能

引脚号	功　能　特　性
P1.0	T2（定时器/计数器 2 外部计数输入），时钟输出
P1.1	T2EX（定时器/计数器 2 捕获/重装触发和方向控制）

（5）P2 端口（P2.0～P2.7，21～28 引脚）：P2 端口是一个带内部上拉电阻的 8 位双向 I/O 端口。P2 端口的输出缓冲器可以驱动（吸收或输出电流方式）4 个 TTL 输入。P2 端口用作输入口时，端口写入 1 时，通过内部的上拉电阻把端口拉到高电平，被外部信号拉低的引脚会输出一个电流。在对 Flash ROM 编程和程序校验期间，P2 端口可以接收高位地址和一些控制信号。

（6）P3 端口（P3.0～P3.7，10～17 引脚）：和 P2 端口类似，P3 端口也是一个带内部上拉电阻的 8 位双向 I/O 端口。P3 端口的输出缓冲器可驱动（吸收或输出电流方式）4 个 TTL 输入。P3 端口作为输入口使用时，对端口写入 1，通过内部的上拉电阻把端口拉到高电位，因此那些被外部信号拉低的引脚会输入一个电流。在对 Flash ROM 编程或程序校验时，P3 端口会接收一些控制信号。P3 端口除作为一般 I/O 口外，还有其他一些复用功能，如表 3-2 所示。

表 3-2　P3 端口引脚复用功能

引脚号	复　用　功　能
P3.0	RXD（串行输入口）
P3.1	TXD（串行输出口）
P3.2	$\overline{\text{INT0}}$（外部中断 0 输入）
P3.3	$\overline{\text{INT1}}$（外部中断 1 输入）
P3.4	T0（定时器 0 的外部计数输入）
P3.5	T1（定时器 1 的外部计数输入）
P3.6	$\overline{\text{WR}}$（外部数据存储器写选通输出）
P3.7	$\overline{\text{RD}}$（外部数据存储器读选通输出）

（7）RST（9 引脚）：复位输入。当输入连续两个机器周期以上的高电平时有效，用来完成单片机的复位初始化操作。看门狗计时完成后，RST 引脚输出 96 个晶振周期的高电平。特殊寄存器 AUXR 上的 DISRTO 位可以使此功能无效。DISRTO 默认状态下，复位高电平是有效的。

（8）ALE/$\overline{prog}$（30 引脚）：ALE（地址锁存控制信号）是访问外部程序存储器时，锁存低 8 位地址的输出脉冲。在 Flash 编程时，$\overline{prog}$ 引脚也用作编程输入脉冲。一般情况下，ALE 以晶振六分之一的固定频率输出脉冲，可用来作为外部定时器或时钟使用。然而，需要注意的是，每次访问外部数据存储器时，ALE 脉冲将会跳过。可以通过将 ALE 使能标志位（地址位 8EH 的 SFR 的第 0 位）置为"1"，ALE 操作将会无效，置"1"后，ALE 仅在执行 MOVX 或 MOV 指令时有效，否则 ALE 将被拉高。

（9）$\overline{PSEN}$（29 引脚）：是外部程序存储器选通信号。当 AT89C51RC 从外部程序存储器执行外部代码时，$\overline{PSEN}$ 在每个机器周期被激活两次，而访问外部数据存储器时，$\overline{PSEN}$ 将不被激活。

（10）$\overline{EA}$/VPP（31 引脚）：是访问外部程序存储器控制信号。为使能从 0000H 到 FFFFH 的外部程序存储器读取指令，$\overline{EA}$ 需接 GND。加密方式为 1 时，$\overline{EA}$ 将内部锁定位 RESET，如需执行内部程序指令，$\overline{EA}$ 需接 VCC。在 Flash 编程期间，$\overline{EA}$ 也接收 12V 的 VPP 电压。

（11）XTAL1（19 引脚）：振荡器反相放大器和内部时钟发生电路的输入端。

（12）XTAL2（18 引脚）：振荡器反相放大器的输入端。

3.3　开发工具——Keil μVision 4

Keil μVision 是美国 Keil Software 公司出品的 MCS51 架构兼容单片机 C 语言软件开发环境，它集编辑、编译、仿真等于一体，其界面和常用的微软 VC++的界面相似，界面友好，易学易用，具有强大的软件仿真功能。Keil 提供了包括 C 编译器、宏汇编、连接器、库管理和一个功能强大的仿真调试器等在内的完整开发方案。使用汇编语言或 C 语言需要使用编译器，以便把写好的程序编译为机器码，才能把 HEX 可执行文件写入单片机内。Keil μVision 是众多单片机应用开发软件中最优秀的软件之一，很多开发 MCS51 系列单片机应用的工程师或普通单片机爱好者，都在使用 Keil μVision 完成开发工作。

3.3.1　安装

（1）运行安装程序，如图 3-2 所示。

图 3-2　运行安装 Keil 程序

（2）按照提示，完成安装过程，如图 3-3 所示。

（3）完成安装，出现如图 3-4 所示图标即表示安装完成。

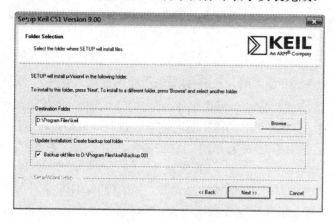

图 3-3　Keil 安装过程

图 3-4　完成 Keil 安装

3.3.2　如何创建一个项目

使用 Keil 软件新建一个项目并编译运行生成 HEX 文件。

（1）启动 Keil 软件,双击图标，运行 μVision。

（2）创建一个工程文件。在菜单栏里单击 Project→New μVision Project 菜单项，如图 3-5 所示，将打开一个对话框，如图 3-6 所示，输入文件名即可成功创建一个新的工程，μVision 将会创建一个以*.uvproj 为名字的新工程文件。建议每个工程都使用独立的文件夹。工程文件创建后，从设备数据库中选择一个 CPU 芯片（一般用的是 Atmel 的 AT89C51 或 AT89C2051，本书选择 AT89C52 微控制器），如图 3-7 所示。

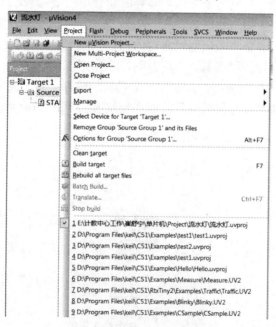

图 3-5　创建工程文件截图

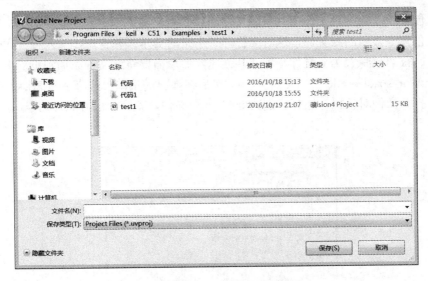

图 3-6　新建工程文件对话框截图

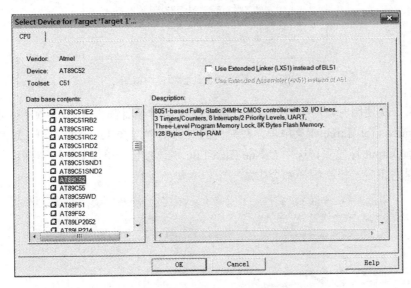

图 3-7　选择 CPU 芯片截图

（3）创建成功一个工程后，μVision 会给所选择的 CPU 芯片添加合适的启动代码，单击"是"按钮，完成新建项目，如图 3-8 所示。

图 3-8　添加启动代码截图

（4）创建一个新的源文件，并将源文件加载到新建的工程中。通过单击 File→New 菜单项可以创建一个新的源文件，这时会打开一个空的文本编辑窗口，输入相应代码，通过 File→Save As 可以保存为.c 文件。源文件创建好后，需要将此文件添加到工程中，通过右击 Project Workspace→Files 页中的文件组，然后在弹出的菜单中选择 Add Files to Group 菜单项，将打开文件对话框，选择已创建好的*.c 源文件，就完成了源文件的添加，如图 3-9 所示。

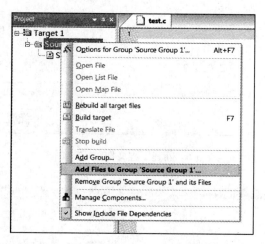

图 3-9　添加源文件到项目中截图

（5）第一次使用时，需要进行设置，确保每次运行项目都生成 HEX 文件。右击 Target 1，选择 Options for 'Target 1'菜单项，在弹出的对话框中选择 Target 标签页，填写晶体的大小，再选择 Output 标签页，选中 Create HEX File 多选按钮，单击 OK 按钮确定，如图 3-10 所示。设置完成后，每次编译都会生成一个十六进制文件。

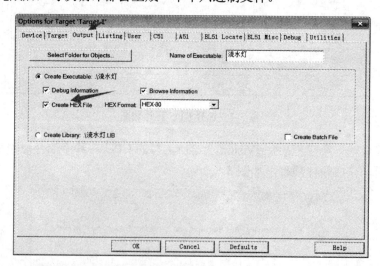

图 3-10　编译生成十六进制文件选项截图

（6）编写完成代码。

（7）编译运行项目。选择菜单 Project→Rebuild All Target Files，或单击快捷方式 图

标，在 Build Output 窗口，提示"creating hex file from "XXX"... "XXX" - 0 Error(s)，
0 Warning(s)"，如图 3-11 所示，则表示编译成功，且生成 HEX 文件成功。

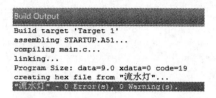

图 3-11　Build Output 编译成功窗口截图

3.4　烧录软件——STC-ISP

STC-ISP 是一款单片机下载编程烧录软件，是针对 STC 系列单片机而设计的，可下载
STC89 系列、12C2052 系列、12C5410 等系列的 STC 单片机，使用简便，现已被广泛使用。

将生成的 HEX 文件烧到单片机的过程如下。

（1）连接单片机和计算机，打开烧录工具 stc-isp-15xx-v6.85k（本书使用的是 STC-ISP
烧录工具），如图 3-12 所示。

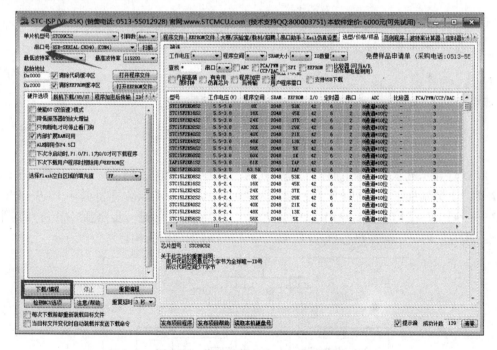

图 3-12　烧录工具 STC-ISP 界面截图

（2）进行设置，如图 3-12 左上角选择相应的单片机型号（如选 STC89C52），选择正
确的端口号（如 COM4）。

（3）打开程序文件。单击如图 3-12 所示的"打开程序文件"按钮，将弹出对话框，如
图 3-13 所示，选择之前生成的*.hex 文件。

（4）下载/编程。单击如图 3-12 所示的"下载/编程"按钮，重新关闭、打开单片机开关，如果提示"……操作成功！"表示烧录工作成功完成，如图 3-14 所示。

图 3-13 选择*.hex 文件对话框截图

图 3-14 完成烧录工作界面截图

3.5 案例——流水灯显示

LED 灯显示流水的效果，时间间隔为 0.1s，硬件电路如图 3-15 所示，单片机的 P1.0～P1.7 接口上分别接了 8 个 LED 灯，输出为"0"时，LED 灯亮，重复循环 P1.0→P1.1→P1.2→…→P1.7→P1.0→P1.1→P1.2→…→P1.7 亮。通过该案例进一步熟悉 Keil 仿真软件和烧录工具的使用，了解并熟悉单片机 I/O 口和 LED 等的电路结构。

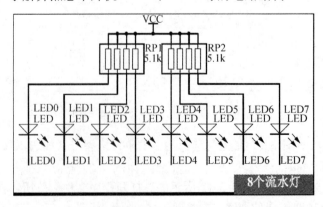

图 3-15 流水灯的硬件电路图

1. 要点分析

（1）延时程序的设计。由于单片机指令执行的时间很短（μs 数量级），如果要达到 LED 灯间流水的时间间隔为 0.1s，在执行某一条指令时，需要引用一个延时程序。石英晶体的频率是 12MHz，一个机器周期=1/12MHz*12=1μs，因此我们可以设计延时程序如下：

```c
void delay10ms(void)
{
    unsigned char i,j,k;
    for(i=5;i>0;i--)
        for(j=4;j>0;j--)
            for(k=248;k>0;k--);
}
```

delay10ms(void)程序有三层循环，循环的总次数为 Num=5*4*248=4960；每次循环都有一次条件判断（如“j>0”）和一次减减（如“j—”），这将消耗两个机器周期，因此，总的机器周期为 Sum=Num*2=9920，又知一个机器周期时间为 1μs，那么 delay10ms(void)程序的延时时间为 t=Sum*1μs=9920μs ≈ 10ms。

（2）LED 灯流水的效果。由于输出为“0”时，LED 灯亮，因此初始定义 P1=0x01（P1.0～P1.6 亮，P1.7 灭），然后每隔 0.1s 时间，P1 则向左循环一位，再取反（P1.0～P1.6 灭，P1.7 亮），达到 LED 灯从左向右流水的效果。

2. 实验步骤

第一步：设计一个延迟函数。

第二步：初始化 P1 端口。

第三步：为了达到流水灯从左向右的流水效果，按照“循环再取反”的设计。

3. 参考答案

```c
#include<reg52.h>
void delay100ms(void) //延迟函数
{
    unsigned char i,j,k;
    for(i=50;i>0;i--)
        for(j=4;j>0;j--)
            for(k=248;k>0;k--);
}
int main()//主函数
{
    unsigned int i;
    P1=0x01;//初始 P1
    //此循环即表示每隔 0.1s 时间，P1 则向左循环一位，再取反
    for(i=0;i<8;i++)
    {
        P1=~(0x01 <<i);
        delay100ms();
    }
```

```
    return 0;
}
```

4. 效果演示

如图 3-16 所示。

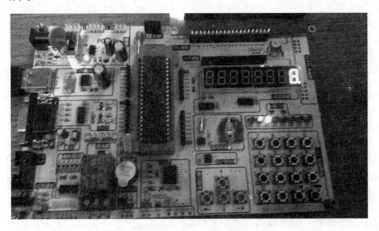

图 3-16　流水灯演示图

3.6　案例——呼吸灯显示

呼吸灯就是让 LED 灯时亮时暗，利用 LED 灯的余辉和人眼的暂留效应，看上去如同呼吸一样。通过该案例进一步熟悉 LED 灯工作的原理及学习呼吸灯显示方法。

1. 要点分析

假设每个亮暗周期为 T，亮的时长为 time_on，暗的时长则为 T-time_on。根据亮和暗的时长不同，LED 灯的亮度将会发生变化。具体设计时可以让 LED 灯亮的时间越来越长，再越来越小，如此循环，实现 LED 灯的亮度发生渐变，达到呼吸灯的效果。

2. 实验步骤

第一步：设计一个延迟函数。

第二步：初始化 P1 端口，P1 = 0x00（LED 灯全亮）。

第三步：LED 灯先亮 time_on 时间，全灭后，再暗 T-time_on（T 为亮暗周期）时间；亮的时间越来越长，然后暗的时间越来越长。

3. 参考答案

```c
#include<reg52.h>
//延迟函数
void delay(unsigned int time)
{
    int i=0;
    while(time--)
    {
    }
```

```
}
//主函数
int main()
{
    unsigned int time_on=200;
    bit flag = 1;
    while(1)
    {
        P1 = 0x00;
        delay(time_on);              //先全亮，再延迟 time_on 时间
        P1=0xff;
        delay(3000-time_on);         //再全灭，再延迟 3000-time_on 时间
        if(time_on>2800)
        {
            flag=0;
        }
        else if(time_on<=200)
        {
            flag=1;
        }
        if(flag==1)                  //亮的时间越来越长
        {
            time_on+=100;
        }
        else                         //暗的时间越来越长
        {
            time_on-=100;
        }
    }
}
```

4. 效果演示

如图 3-17 所示。

图 3-17 呼吸灯演示图

3.7 案例——数码管显示数字

在时钟信号的作用下，使一位数码管显示 0～9 中的某一数字，八位数码管从左向右依次显示0～7。通过该案例了解数码管的工作原理及学习七段数码管的显示方法。

1. 要点分析

（1）数码管结构。LED 数码管显示器内部是由 7 个条形发光二极管以及一个小圆点发光二极管组成的，每一个发光二极管称为一个字段，因此其控制原理类似于发光二极管的控制原理。常见数码管有 10 根管脚，管脚排列如图 3-18（a）所示，其中 COM 为公共端。根据发光二极管的接线形式不同，可以分为共阳极（发光二极管阳极都接在一个公共点上）和共阴极（发光二极管阴极都接在一个公共点上）。在使用时，共阳极数码管接电源，如图3-18（c）所示，共阴极数码管接地，如图 3-18（b）所示。

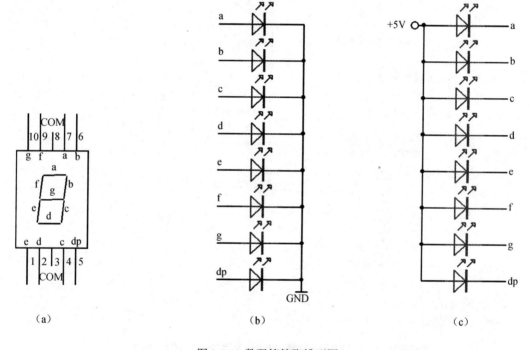

| （a） | （b） | （c） |

图 3-18 数码管管脚排列图

（2）数码管显示原理。LED 数码管显示器段码图如图 3-19 所示，加上正电压发光，加零电压的则不能发光，亮暗的组合形成不同的字型，这种组合称为字型码。共阳极和共阴极的字形码组合是不同的。本书将以如图 3-20 和图 3-21 所示的数码管硬件连接图为例进行说明。如果是共阳极数码管，由于 COM 端连接高电平，因此数据段为低电平时，对应的发光二极管亮。则如果要显示数字1，则

dp g f e d c b a 对应电平为

1   1 1 1 1 0 0 1

即为 0Xf9H，其他诸如 0,2,3,4,5,6,7,8,9 数字类似。

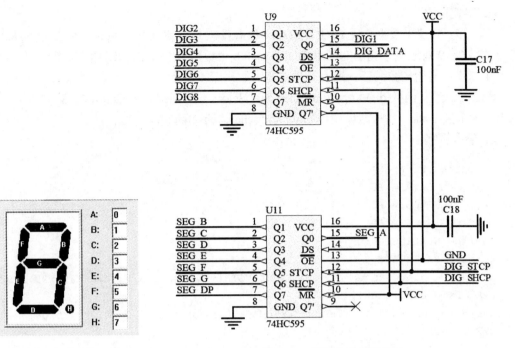

图 3-19 数码管段码图

图 3-20 数码管硬件连接图 1

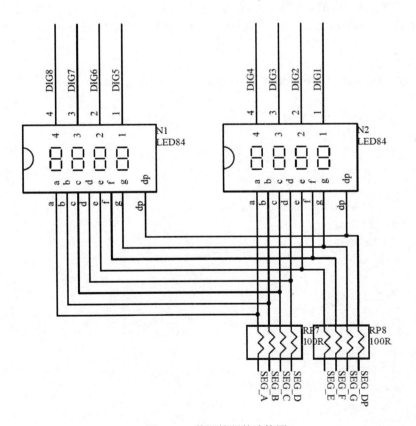

图 3-21 数码管硬件连接图 2

2. 实验步骤

第一步：定义"数据"位 DIG_DATA、"锁存"位 DIG_STCP、"移位"位 DIG_SHCP，以及数字 0～9 对应电平显示 NUMCODE[10]和 8 个数码管 SELCODE[9]的顺序。

第二步：初始化数码管，所有数据清零，数码管不显示。

第三步：设计函数 digOutput(unsigned char Select, unsigned char Data)，在 Select 指定的位上显示数字 Data，并且循环调用 digOutput(char, char)函数。

3. 参考答案

```
#include<reg52.h>
sbit DIG_DATA = P0^2;      //数据
sbit DIG_STCP = P2^3;      //锁存
sbit DIG_SHCP = P0^4;      //移位
#define NUMLENGTH 10
#define SELELENTH 9
unsigned char code NUMCODE[NUMLENGTH]={0xC0,0xf9,0xa4,0xb0,0x99,0x92,
0x82,0xf8,0x80,0x90};
unsigned char code SELCODE[SELELENTH]={0xff,0x01,0x02,0x04,0x08,0x10,
0x20,0x40,0x80};
/*
```

按照原理图的连线方法，DIG_SHCP 的前 8 个上升沿导致第一块 595 的 8 个数据位保存为设置的值，后 8 个上升沿导致第二块 595 的 8 个数据位保存为设置的值。最后 DIG_STCP 的上升沿让这些数据出现在对应的输出管脚上，并锁存。本案例中采用共阳极数码管，故高电平时对应的段不亮，低电平时对应的段亮

```
*/
void digOutput(unsigned char Select, unsigned char Data)
{
    unsigned char xdata i;
    DIG_SHCP = 0;
    DIG_STCP = 0;
    for (i=0;i<8;i++)
    {
        DIG_DATA=(Data & 0x80) ? 1:0;
        DIG_SHCP=1;
        DIG_SHCP=0;
        Data <<=1;
    }
    for (i=0;i<8;i++)
    {
        DIG_DATA=(Select & 0x80) ? 1:0;
        DIG_SHCP=1;
        DIG_SHCP=0;
        Select <<=1;
    }
    DIG_STCP=1;
```

```
        DIG_STCP=0;
}
/*初始化数码管，所有数据清零，数码管无显示 */
void InitDig()
{
        DIG_STCP=0;
        DIG_SHCP=0;
        digOutput(0x00,0xff);
}
int main()
{
        unsigned int i;
        InitDig();
        while(1)
        {
                for (i=0;i<8;i++)
                {
                        digOutput(SELCODE[8-i],NUMCODE[i]);
                }
        }
        return 0;
}
```

4. 效果演示

如图 3-22 所示。

图 3-22　数码管显示数字演示图

3.8　案例——显示字符串

在 LCD12864 液晶显示屏上显示学校名、专业、学号以及姓名。通过该案例了解 LCD12864 液晶显示屏的工作原理及学习如何在 LCD12864 上显示字符串。

1. 要点分析

（1）LCD12864 说明。LCD12864 具有 4/8 位并行、2 线或者 3 线串行多接口方式，其显示分辨率为 128×64，内置 8192 个 16*16 点阵汉字以及 128 个 16*8 点 ASCII 字符集，具有低电压低功耗的特点。模块接口说明见表 3-3 所示。

表 3-3　模块接口说明

管脚号	管脚名称	电平	管脚功能描述
1	VSS	0V	电源地
2	VCC	3.0+5V	电源正
3	V0	—	对比度（亮度）调整
4	RS(CS)	H/L	RS="H"，表示 DB7～DB0 为显示数据 RS="L"，表示 DB7～DB0 为显示指令数据
5	R/W(SID)	H/L	R/W="H"，E="H"，数据被读到 DB7～DB0 R/W="L"，E="H→L"，DB7～DB0 的数据被写到 IR 或 DR
6	E(SCLK)	H/L	使能信号
7	DB0	H/L	三态数据线
8	DB1	H/L	三态数据线
9	DB2	H/L	三态数据线
10	DB3	H/L	三态数据线
11	DB4	H/L	三态数据线
12	DB5	H/L	三态数据线
13	DB6	H/L	三态数据线
14	DB7	H/L	三态数据线
15	PSB	H/L	H：8 位或 4 位并口方式，L：串口方式
16	NC	—	空脚
17	/RESET	H/L	复位端，低电平有效
18	VOUT	—	LCD 驱动电压输出端
19	A	VDD	背光源正端（+5V）
20	K	VSS	背光源负端

（2）控制器接口信号说明。RS、R/W 的配合选择决定控制界面的 4 种模式如表 3-4 所示，E 信号见表 3-5，指令说明见表 3-6。

表 3-4　RS、R/W 的配合选择决定控制界面的 4 种模式

RS	R/W	功能说明
L	L	MPU 写指令到指令暂存器（IR）
L	H	读出忙标志（BF）及地址计数器（AC）的状态
H	L	MPU 写入数据到数据暂存器（DR）
H	H	MPU 从数据暂存器（DR）中读出数据

表 3-5　E 信号

E 状态	执行动作	结　果
高——>低	I/O 缓冲——>DR	配合 W 进行写数据或指令
高	DR——>I/O 缓冲	配合 R 进行读数据或指令
低/低——>高	无动作	

表 3-6　指令说明

指令	指令码									功　能
	RS	R/W	D7	D6	D5	D4	D3	D2	D1	D0	
清除显示	0	0	0	0	0	0	0	0	0	1	将 DDRAM 填满"20H"，并且设定 DDRAM 的地址计数器(AC)到"00H"
地址归位	0	0	0	0	0	0	0	0	1	X	设定 DDRAM 的地址计数器(AC)到"00H"，并且将游标移到开头原点位置；这个指令不改变 DDRAM 的内容
显示状态开/关	0	0	0	0	0	0	1	D	C	B	D=1: 整体显示 ON C=1: 游标 ON B=1: 游标位置反白允许
进入点设定	0	0	0	0	0	0	0	1	I/D	S	指定在数据的读取与写入时，设定游标的移动方向及指定显示的移位
游标或显示移位控制	0	0	0	0	0	1	S/C	R/L	X	X	设定游标的移动与显示的移位控制位；这个指令不改变 DDRAM 的内容
功能设定	0	0	0	0	1	DL	X	RE	X	X	DL=0/1: 4/8 位数据 RE=1: 扩充指令操作 RE=0: 基本指令操作
设定 CGRAM 地址	0	0	0	1	AC5	AC4	AC3	AC2	AC1	AC0	设定 CGRAM 地址
设定 DDRAM 地址	0	0	1	0	AC5	AC4	AC3	AC2	AC1	AC0	设定 DDRAM 地址（显示位址） 第一行：80H～87H 第二行：90H～97H
读取忙标志和地址	0	1	BF	AC6	AC5	AC4	AC3	AC2	AC1	AC0	读取忙标志(BF)可以确认内部动作是否完成，同时可以读出地址计数器(AC)的值
写数据到 RAM	1	0	数据								将数据 D7～D0 写入到内部的 RAM (DDRAM/CGRAM/IRAM/GRAM)
读出 RAM 的值	1	1	数据								从内部 RAM 读取数据 D7～D0 (DDRAM/CGRAM/IRAM/GRAM)

2. 实验步骤

第一步：定义端口号和要写入的数据。

第二步：初始化 LCD12864 液晶显示屏。

第三步：分别将要显示的字符串写入 LCD12864 显示屏：

- 查忙（类似读取 LCD12864 的数据）；
- RS 置低；
- R/W 置低；
- E 置高；
- 总线放数据（命令）；
- 稍作延时；
- E 置低。

3. 参考答案

```
#include <intrins.h>
#include <reg52.h>
#include <stdio.h>
#define LCD12864_DATA P0
sbit LCD12864_RS = P2^7;      //RS=0 表示命令，RS=1 表示数据
sbit LCD12864_RW = P2^6;      //RW=0 表示写数据，RW=1 表示读数据
sbit LCD12864_EN = P2^5;      //液晶使能控制
sbit LCD12864_RST = P2^2;     //液晶复位端口
sbit LCD12864_PSB = P2^4;     //串、并方式控制
unsigned char code LINES[] = {0x80,0x90,0x88,0x98};
/*
LCD12864 读的时序
1. RS 置低；
2. R/W 置高；
3. E 置高；
4. 稍作延时；
5. 数据出现在总线上；
6. E 置低。
*/
 bit CheckBusy12864(void)//检测忙信号
{
    unsigned char xdata i;
    LCD12864_RS = 0;
    LCD12864_RW = 1;
    LCD12864_EN = 1;
    _nop_();
    i = LCD12864_DATA;
    LCD12864_EN = 0;
    return (i & 0x80) ? 1 : 0;
}
/*
LCD12864 写的时序
1. RS 置低；
2. R/W 置低；
3. E 置高；
4. 总线放数据；
5. 稍作延时；
6. E 置低。
*/
void WriteCommand12864(unsigned char Cmd)
{
    while(CheckBusy12864());
    LCD12864_RS = 0;
```

```
    LCD12864_RW = 0;
    LCD12864_EN = 1;
    LCD12864_DATA = Cmd;//写入指令
    _nop_();
    LCD12864_EN = 0;
}
void WriteData12864(unsigned char Data)
{
    while(CheckBusy12864());
    LCD12864_RS = 1;
    LCD12864_RW = 0;
    LCD12864_EN = 1;
    LCD12864_DATA = Data;//写入数据
    _nop_();
    LCD12864_EN = 0;
}
void InitLCD12864(void)
{
    unsigned int xdata a=1000;
    LCD12864_RST = 1;          //液晶复位置为1
    LCD12864_PSB = 1;          //将 PSB 置为 1，通信方式为 8 位数据并口
    WriteCommand12864(0x30); //P6  →功能设定  基本指令集动作
    WriteCommand12864(0x0c); //P6  →显示状态  整体显示 ON，游标 OFF，游标位置 OFF
    WriteCommand12864(0x01); //P6  →清除显示  将 DDRAM 填满"20H"，并且设定
                             //DDRAM 的地址计数器（AC）到"00H"
    WriteCommand12864(0x06); //P6  →进入点设定 指定在资料的读取与写入时，设定游
                             //标移动方向及指定显示的移位
    while(a--);
}
/*
将字符串写入第 Line 行，如果宽度超过 7，则从位置 0 开始覆盖；Position 的取值范围为 0~7，
Line 的取值范围为 0~3
*/
void DisString12864(const char *str, unsigned char Line,const unsigned char
Position)
{
    char *p = str;
    unsigned char xdata j;
    if(Line > 3)
    {
        return ;
    }
    j = Position % 8;          //纵坐标 从第几个开始
    j += LINES[Line];          //初始位置向后移动 j 个字节
    WriteCommand12864(j);      //写入纵坐标
```

```
    while(*p)
    {
        WriteData12864(*p);
        ++p;
    }
}
int main()
{
    unsigned char xdata str1[20]="西安交通大学";
    unsigned char xdata str2[20]="计算机01班";
    unsigned char xdata str3[20]="215000156";
    unsigned char xdata str4[20]="路人甲";
    unsigned int xdata i = 0;
    InitLCD12864();
    DisString12864(str1,0,1);
    DisString12864(str2,1,1);
    DisString12864(str3,2,1);
    DisString12864(str4,3,1);
    while(1);
    return 0;
}
```

4. 效果演示

如图 3-23 所示。

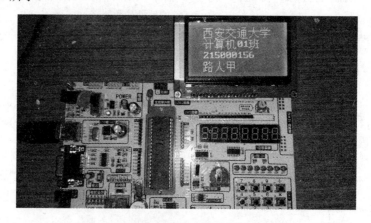

图 3-23　LCD12864 液晶显示字符串演示图

3.9　案例——时钟芯片显示日期

　　DS1302 是美国 DALLAS 公司推出的一种高性能、低功耗并且带有 RAM 的实时时钟电路，可以对年、月、周、日、时、分、秒进行计时，具有闰年补偿功能，工作电压为 2.0～5.5V。通过该案例让读者了解时钟芯片 DS1302 与单片机的接口以及如何对 DS1302 编程。

1. 要点分析

DS1302 的引脚排列如图 3-24 所示，各引脚说明如表 3-7 所示，其中 RST 的输入有两种功能，一是 RST 接通控制逻辑，允许地址/命令序列送入移位寄存器；二是 RST 提供终止单字节或多字节数据传送。当 RST 为高电平时，所有的数据传送被初始化，允许对 DS1302 进行操作。如果在传送过程中 RST 置为低电平，则会终止此次数据传送，I/O 引脚变为高阻态。上电运行时，在 VCC>2.0V 之前，RST 必须保持低电平。只有在 SCLK 为低电平时，才能将 RST 置为高电平。

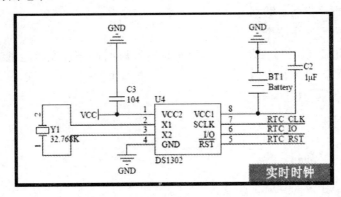

图 3-24 DS1302 引脚排列图

表 3-7 DS1302 引脚功能说明

引脚号	名 称	功 能
1	VCC1	备份电源输入
2	X1	32.768kHz 晶振输入
3	X2	32.768kHz 晶振输出
4	GND	接地
5	RST	控制移位寄存器/复位
6	I/O	数据输入/输出
7	SLCK	串行时钟
8	VCC2	主电源输入

DS1302 控制字节的最高有效位（位 7）必须是逻辑 1，如果它为 0，则不能把数据写入 DS1302 中，位 6 如果为 0，则表示存取日历时钟数据，为 1 表示存取 RAM 数据；位 5 至位 1 指示操作单元的地址；最低有效位（位 0）如为 0 表示要进行写操作，为 1 表示进行读操作，控制字节总是从最低位开始输出。

在控制指令字输入后的下一个 SCLK 时钟的上升沿时，数据被写入 DS1302，数据输入从低位即位 0 开始。同样，在紧跟 8 位的控制指令字后的下一个 SCLK 脉冲的下降沿读出 DS1302 的数据，读出数据时从低位 0 到高位 7。

此外，DS1302 还有年份寄存器、控制寄存器、充电寄存器、时钟突发寄存器及与 RAM 相关的寄存器等。时钟突发寄存器可一次性顺序读写除充电寄存器外的所有寄存器内容。DS1302 与 RAM 相关的寄存器分为两类：一类是单个 RAM 单元，共 31 个，每个单元组态为一个 8 位的字节，其命令控制字为 C0H～FDH，其中奇数为读操作，偶数为写操作；

另一类为突发方式下的 RAM 寄存器，此方式下可一次性读写所有的 RAM 的 31 个字节，命令控制字为 FEH（写）、FFH（读）。

2. 实验步骤

第一步：变量、显示驱动程序初始化。

第二步：使 DS1302 没有写保护。

第三步：复位端产生一个高电平。

第四步：写入数据（写 DS1302 地址→延时一段时间→向该地址写入数据→地址增加→…循环，直到写完所有数据）。

第五步：复位端产生一个高电平。

第六步：读取数据（写 DS1302 地址→延时一段时间→读取该地址的数据→地址增加→…循环，直到读完所有数据）。

第七步：显示驱动程序。

第八步：驱动 LED 显示。

3. 参考答案

（1）主函数——main.c

```c
#include <stdio.h>
#include <reg52.h>
#include "system.h"
#include "LCD12864.h"
#include "DS1302.h"
/*
日期显示在第几行 第几列
*/
#define DATA_X 1 //注：0 是第一行
#define DATA_Y 1
/*
时间显示在第几行和第几列
*/
#define TIME_X 2
#define TIME_Y 1
/*
    用于将数据转换为字符输出
*/
void BCD2ASC(unsigned char *des,const unsigned char Byte)
{
    *des=(Byte>>4)+0x30;
    *(des+1)=(Byte & 0x0f)+0x30;
}
/*
    用于设定日期显示格式，调用 DisString12864() 函数
*/
void PrintDataTime212864(const struct DataTime *pdt)
```

```
{
    unsigned char xdata str[17];
    char*p=str;
    *p++='2';
    *p++='0';//前两个字符预设成20，因为DS1302里面表示年份的是19开头
    BCD2ASC(p,pdt->Year);
    p+=2;
    *p++='-';
    BCD2ASC(p,pdt->Month);
    p+=2;
    *p++='-';
    BCD2ASC(p,pdt->Day);
    p+=2;
    *p=0;
    DisString12864(str,DATA_X,DATA_Y);//参考上一节代码
    p=str;
    BCD2ASC(p,pdt->Hour);
    p+=2;
    *p++=':';
    BCD2ASC(p,pdt->Minute);
    p+=2;
    *p++=':';
    BCD2ASC(p,pdt->Second);
    p+=2;
    *p=0;
    DisString12864(str,TIME_X,TIME_Y);//参考上一节代码
}
int main()
{
    unsigned int xdata i=0;
    unsigned char xdata a=1000;
    //设置时间为16年10月18日15点42分30秒
    struct DataTime xdata dt={0x16,0x10,0x18,0x15,0x42,0x30};
    SystemInit();              //初始化计时设定
    InitLCD12864();            //LCD12864初始化
    SetTime(&dt);              //时间设定
    while(1)
    {
        i++;
        ReadTime(&dt);//读入时间
        PrintDataTime212864(&dt);//按先前设定格式打印出时间
        while(a--);
    }
    return 0;
}
```

（2）初始化计时器设定——system.c

```c
#include <reg52.h>
#include "config.h"
#include <intrins.h>
unsigned int xdata times = 0;
sfr WDT_CONTR = 0xE1;//定义STC单片机中新加入的看门狗寄存器
static void DisableWDT(void)
{
    WDT_CONTR &= ~(1 << 5);
    EA = 1;//中断总允许位
}
/*
    定时器0中断初始化子程序
*/
static void SetTimer0(void)
{
    TMOD &= 0xF0;          //清零T0的控制位（TMOD最左边的二进制4位保留不变，其他
                          //位全部清零）
    TMOD |= 0x01;          //配置T0为模式1（将TMOD的最低位设为1，即将定时/计数器
                          //的其工作方式调整为方式1）
    TL0 = T0NS;           //初始值TL0（16位定时器/计数器的低8位）
    TH0 = T0NS >> 8;      //初始值TH0（16位定时器/计数器的高8位）
    TL0 = 0;
    ET0 = 1;              //T0中断允许
}
 /*
    初始化时间设定
 */
void SystemInit(void)
{
    DisableWDT();
    SetTimer0();
}
```

（3）设定日期时间——DS1302.c

```c
#include "DS1302.h"
/*
    设置数据传递（上升沿）
*/
void TransmitByte(unsigned char Data)
{
    unsigned char xdata i;
    for(i=0;i<8;i++)
    {
```

```
        RTC_CLK=0;
        RTC_IO=(Data & 0x01) ? 1:0;
        RTC_CLK=1;//上升沿
        Data>>=1;
    }
}
/*
    接收读取数据（下降沿）
*/
unsigned char ReceiveByte()
{
    unsigned char xdata ret,i;
    for(i=0;i<8;i++)
    {
        RTC_CLK=0;//下降沿，读取数据
        ret>>=1;
        if(RTC_IO)
        {
            ret |=0x80;
        }
        else
        {
            ret &=~0x80;
        }
      RTC_CLK=1;
    }
     return ret;
}
/*
    写数据操作
*/
void WriteDS1302(unsigned char Address,unsigned char Data)
{
    RTC_RST=0;                    //停止工作
    RTC_CLK=0;
    RTC_RST=1;                    //重新工作
    TransmitByte(Address);   //写入地址
    TransmitByte(Data);
    RTC_RST=0;
}
/*
    读数据操作（先送地址，再读数据）
*/
unsigned char ReadDS1302(unsigned char Address)
{
```

```
    unsigned char ret;
    RTC_RST=0;                      //停止工作
    RTC_CLK=0;
    RTC_RST=1;                      //重新工作
    TransmitByte(Address);   //写入地址
    ret=ReceiveByte();
    RTC_RST=0;
    return ret;
}
/*
    初始化 DS1302
    反复调用 WriteDS1302()根据 ds1302.h 中宏定义的日期数据进行设置
*/
void SetTime(struct DataTime *pdt)
{
    WriteDS1302(ADR_W_WP,WP_OFF);
    WriteDS1302(ADR_W_YEAR,pdt->Year);        //年
    WriteDS1302(ADR_W_MONTH,pdt->Month);      //月
    WriteDS1302(ADR_W_DATA,pdt->Day);         //日
    WriteDS1302(ADR_W_HOUR,pdt->Hour);        //小时
    WriteDS1302(ADR_W_MINUTES,pdt->Minute);   //分钟
    WriteDS1302(ADR_W_SECONDS,pdt->Second);   //秒
    WriteDS1302(ADR_W_WP,WP_ON);              //打开
}
/*
    反复调用 ReadDS1302()根据 ds1302.h 中宏定义的日期数据进行读取
*/
void ReadTime(struct DataTime *pdt)
{
    pdt->Second=ReadDS1302(ADR_R_SECONDS);
    pdt->Minute=ReadDS1302(ADR_R_MINUTES);
    pdt->Hour=ReadDS1302(ADR_R_HOUR);
    pdt->Day=ReadDS1302(ADR_R_DATA);
    pdt->Month=ReadDS1302(ADR_R_MONTH);
    pdt->Year=ReadDS1302(ADR_R_YEAR);
}
```

（4）*.h 文件—— system.h

```
#ifndef _SYSTEM_H_
    #define _SYSTEM_H_
    extern void SystemInit(void);
#endif
```

（5）*.h 文件—— DS1302.h

```
#include<reg52.h>
```

```c
#ifndef _DS1302_H_
    #define _DS1302_H_
    /*
        定义日期数据格式
    */
    struct DataTime
    {
        unsigned char Year;
        unsigned char Month;
        unsigned char Day;
        unsigned char Hour;
        unsigned char Minute;
        unsigned char Second;
    };
    sbit RTC_IO=P2^1;  //实时时钟数据线引脚
    sbit RTC_RST=P3^7; //实时时钟复位线引脚
    sbit RTC_CLK=P3^6; //实时时钟时钟线引脚
    /*
        初始化 DS1302
        设置时间
    */
    void SetTime(struct DateTime *pdt);
    /*
        显示时间
    */
    void ReadTime(struct DataTime *pdt);
    /*
        定义控制指令寄存器地址，参考英文手册
    */
    #define ADR_R_SECONDS 0x81
    #define ADR_R_MINUTES 0x83
    #define ADR_R_HOUR 0x85
    #define ADR_R_DATA 0x87
    #define ADR_R_MONTH 0x89
    #define ADR_R_DAy 0x8b
    #define ADR_R_YEAR 0x8d
    #define ADR_R_WP 0x8f
    #define ADR_W_SECONDS 0x80
    #define ADR_W_MINUTES 0x82
    #define ADR_W_HOUR 0x84
    #define ADR_W_DATA 0x86
    #define ADR_W_MONTH 0x88
    #define ADR_W_DAy 0x8a
    #define ADR_W_YEAR 0x8c
    #define ADR_W_WP 0x8e
```

```
/*
    定义寄存器写保护开关指令，指令最高置 0 或 1
*/
#define WP_ON 0x80
#define WP_OFF 0x00
#endif
```

（6）*.h 文件——config.h

```
#ifndef _CONFIG_H_
    #define _CONFIG_H_
    #define BIT16 0xFFFF
    #define BIT8  0xFF
    #define FCOS 12000000L
    #define CYCLE_TIME0 200//定时计数器 0 中断时间(微秒)，该值不能大于 254
    #define T0NS (BIT16 - ((CYCLE_TIME0 * 1000000) / (FCOS / 12)))
#endif
```

4. 效果演示

如图 3-25 所示。

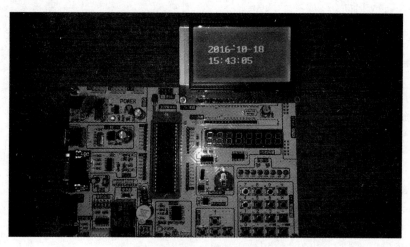

图 3-25　显示日期时间截图

编 程 练 习

1. 编程实现：呼吸灯与流水灯结合，即 0、1、2、3、4、5、6、7 号 LED 依次渐亮渐灭。

2. 编程实现：数码管循环显示数字 0～9，时间间隔为 0.2s。

3. 编程实现：在 LCD12864 液晶显示屏上同时显示字符串和日期。

第 4 章

网上订餐系统的设计与开发

本章将循序渐进地引导读者完成一款基于 Web 的网上订餐系统的设计与开发。在此过程中，还需要让读者了解并掌握设计与开发过程中用到的部分技术和工具，主要包括：Web 整体架构和相关的网络知识、HTML 基本知识、数据库和 Visual Studio。

4.1 网上订餐系统简介

1. 系统要求

设计一个网上订餐系统，该系统包括客户端和管理端。

客户端主要功能包括：用户注册、用户登录、选择菜品、提交订单、取消订单等，网上支付功能需要引入第三方插件，在该系统中暂时不考虑。

管理端包括：显示用户信息、显示订单、处理订单（正在配餐、已配送、已完成、取消）、添加菜品、修改菜品、删除菜品、显示菜品、统计日报、统计月报、统计年报、统计某菜品的日或月销售量图标，统计客户的消费明细。

2. 开发环境

（1）开发工具：Visual Studio 2008 及以上版本（建议使用 Visual Studio 2013）。

（2）数据库：SQL Server 2008 及以上版本（建议使用 SQL Server 2008）。

（3）Web 服务器软件：IIS（建议使用 6.0 以上版本）。

上面简单介绍了系统要求和开发环境，接下来将带领读者深入系统细节，逐步完成设计开发。

4.2 Web 项目网络环境介绍及部署

任何 Web 项目的运行都离不开网络环境的支持，本部分将向读者介绍 Web 项目开发中涉及的基本网络技术和系统的环境部署。

4.2.1 Web 的基本组成

一个完善的 Web 系统体系基本由 4 个部分组成，分别是：客户机和服务器；URL 和 DNS；HTTP；Web 语言，如图 4-1 所示。

1. 客户机和服务器

需要说明这里所说的客户机和服务器均指软件，与硬件无关。

客户机又称 Client，指的是获取并显示 Web 服务器内容的软件，当前最主要的软件是浏览器。

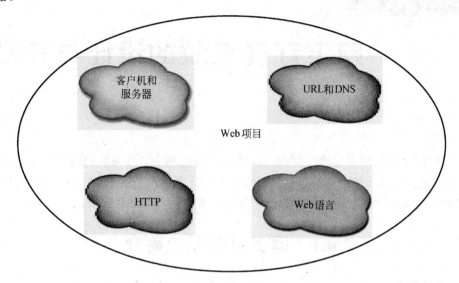

图 4-1　Web 系统体系结构

目前常见的浏览器包括：

- Internet Explorer(Microsoft)；
- Firefox(Mozilla)；
- Chrome(Google)；
- Safari(Apple)；
- Opera；
- 其他各类手机端浏览器。

服务器又称 Server，指能够提供 Web 服务的软件，与 Oracle、SQL Server、MySQL 等数据库管理系统结合起来为用户提供 Web 服务。

常见的 Web 服务器软件包括：

- IIS（Windows 系统自带，只能用在 Windows 环境下，是该系统所使用的 Web 服务器软件）；
- Apache（开源软件，能够跨平台运行，但暂时不支持 Visual Studio 所开发的产品）；
- Tomcat（支持 JSP 的 Web 服务器软件，具有跨平台性，也是开源软件，经常与 Apache 结合使用）；
- nginx（占有内存少，并发能力强，国内使用 nginx 网站的用户主要有百度、新浪、网易、腾讯等）。

2.　TCP/IP 层次模型

TCP/IP 是 Transmission Control Protocol/Internet Protocol 的简写，中译名为传输控制协议/网际协议，是 Internet 最基本的协议，由位于网络层的 IP 协议和位于传输层的 TCP 协议组成。

为了更清楚地了解 TCP/IP，我们先来看看 TCP/IP 层次模型。

TCP/IP 层次模型包括物理层、数据链路层、网络层、传输层和应用层，每一层所对应的网络协议及功能如表 4-1 所示。

表 4-1　TCP/IP 层次模型功能表

层　　次	功　　能	对应协议
应用层	提供文件传输、电子邮件、虚拟终端等应用服务	FTP，HTTP，Telnet，DNS，SMTP 等
传输层	提供端到端的接口	TCP，UDP
网际层	为数据包选择路由	IP，ICMP，RIP，BGP 等
数据链路层	传输数据帧	PPP，ARP 等
物理层	以二进制数据形式在物理媒体上传输数据	

IP，网际协议，它是计算机间传输数据的一个简单协议，位于 TCP/IP 层次模型的网络层。IP 协议中最常见的是 IP 地址，IP 地址又有 IPv4 与 IPv6 两种，我们重点讨论常用的 IPv4。在 IPv4 中每个设备都有一个 32 位的 IP 地址，一般写成 4 组 8 位二进制数(0～255)。图 4-2 所示为一个 IP 地址的划分结构。

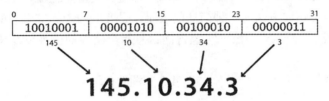

图 4-2　IP 地址的划分

TCP 即传输控制协议，它是一种位于 IP 协议之上的面向连接的、可靠的、基于字节流的传输层通信协议。

有关 TCP 和 IP 的详细内容不是本章讨论的重点，读者若有需要，请参阅相关专业书籍。

3. URL 和 DNS

DNS 是 Domain Name System 的简写，即域名系统。它是因特网上作为域名和 IP 地址相互映射的一个分布式数据库，能够使用户更方便地访问互联网，而不用去记住能够被机器直接读取的 IP 数串。

例如 www.xjtu.edu.cn（西安交通大学的域名），其对应的 IP 地址（即主机）为 202.117.1.13。

命令 nslookup 能够实现 IP 地址和域名的互查。在"开始"菜单中输入"cmd"，进入 Windows 的命令模式，利用 nslookup 即可实现域名与 IP 地址的互查，查询效果如图 4-3 和图 4-4 所示。

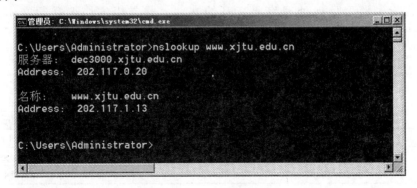

图 4-3　利用 nslookup 查询域名对应的 IP 地址

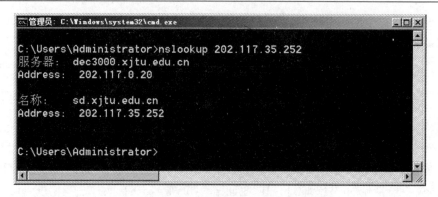

图 4-4 利用 nslookup 查询 IP 地址对应的域名

URL 是 Uniform Resource Locator 的简写，即统一资源定位器，是对可以从互联网上得到的资源的位置和访问方法的一种简洁的表示，是互联网上标准资源的地址。互联网上的每个文件都有唯一的一个 URL，它包含的信息指出文件的位置以及浏览器应该怎么处理它。

URL 最常见的有两种样式，分别如图 4-5 和图 4-6 所示。

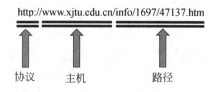

图 4-5 包含协议、主机及路径的 URL

图 4-6 包含协议、主机、端口、路径及锚点的 URL

协议告诉浏览器如何处理将要打开的文件。最常用的协议是超文本传输协议（Hypertext Transfer Protocol，HTTP）。除此之外还有一些其他协议，如表 4-2 所示。

表 4-2 Internet 中的主要协议

协议名称	作　　用	示　　例
http	超文本传输协议	http://www.163.com
https	用安全套接字传送的超文本传输协议	https://www.icbc.com.cn
ftp	文件传输协议	ftp://202.117.35.248
mailto	电子邮件协议	mailto:taoxie@xjtu.edu.cn
telnet	Telnet 协议	telnet 202.117.58.114

协议端口：如果把 IP 地址比作一间房子，端口就是出入这间房子的门。真正的房子只有几个门，但是一个 IP 地址的端口可以有 65 536（即 2 的 16 次方）个之多。端口是通过端口号来标记的，端口号只有整数，范围是从 0 到 65 535。借助端口，可以实现 IP 地址的多路复用。常用的端口号如表 4-3 所示。

表 4-3　常用协议端口

端　　口	服　　务
21	ftp
22	ssh（secure shell）
23	Telnet
25，110	电子邮件（SMTP，POP3）
80	http
443	https

需要说明的是，上述端口与服务的对应关系仅是在缺省状态下默认的对应规则，很多时候，为了安全可能需要更改这种对应规则，所以这种关系并非一成不变的。

锚点是网页制作中超链接的一种，它是一个定位器，这种定位器仅用于页面内部，因此锚点也称为页内的超链接，在当前 Web 中应用非常普遍。

4. HTTP

前文已多次提及该协议，超文本传输协议（HyperText Transfer Protocol，HTTP)是互联网上应用最为广泛的一种网络协议。所有的 WWW 文件都必须遵守这个标准。设计 HTTP 最初的目的是为了提供一种发布和接收 HTML 页面的方法。

本章中所需设计的订餐系统完成后，客户端就是通过该协议来完成访问的，所以它与系统使用密切相关。

5. Web 语言

Web 语言又叫 Web 编程语言，它可分为 Web 静态语言和 Web 动态语言。Web 静态语言就是通常所见到的超文本标记语言 HTML，Web 动态语言主要是指可以与服务器交互并能够执行相应网页程序的语言。

常见的 Web 语言包括 HTML、ASPX、ASP、PHP、JavaScript、JSP、CGI 等。

在本系统中，主要用到 HTML 和 ASPX 两种 Web 语言。

4.2.2　Web 环境部署

一个 Web 项目的正常运行，离不开它所依赖的运行环境。这里所说的运行环境主要指服务器端的运行环境。本章所讨论的订餐系统是用.NET 下的 C#结合 ASPX 来完成的。因此，所采用的 Web 服务器软件选用 IIS，下面将向读者介绍服务器上 IIS 的部署。

1. 指定发布目录

IIS 部署的第一步是先指定一个发布目录。所谓发布目录是指 Web 中用于向用户进行文件及资源发布的专用目录，凡是希望用户通过客户端浏览器直接能够访问的页面和资源，都应该处在发布目录及其子目录下，否则浏览器无法访问该页面或资源。

如本订餐系统中指定发布目录为 E:\MyWebProject，如图 4-7 所示。

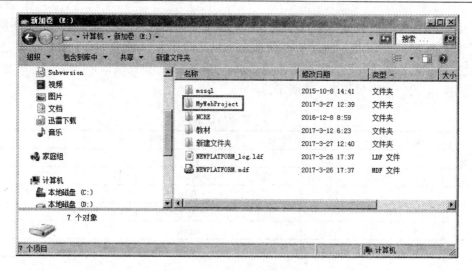

图 4-7　IIS 部署中的发布目录

2. 添加网站

从"控制面板"中"管理工具"选项里打开"Internet 信息服务（IIS）管理器"，进入 IIS 管理器主界面，右击左侧连接框中的"网站"，选择"添加网站"，如图 4-8 所示。

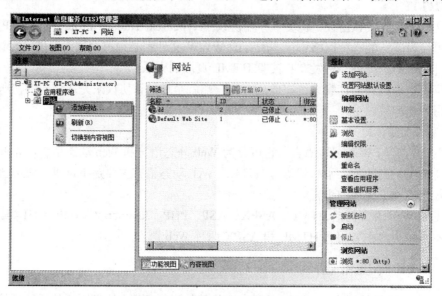

图 4-8　IIS 管理器中的添加网站

3. 设置参数

在弹出的"添加网站"页面中设置网站名称、物理路径、网站绑定类型、IP 地址及端口号等，读者可参考图 4-9 所示方式设置本章订餐系统相关参数。值得注意的是，这里的物理路径一定要和前述的发布目录统一起来。

4. 网站测试

由于图 4-9 中最下面的复选框已经被选中，所以单击"确定"按钮后网站已经启动，可以对网站进行连通性测试。需要注意的是，IIS 管理器可以管理多个网站，但是同一时刻、

同一 IP 地址、同一端口只能有一个网站在运行。换句话说，在设置网站参数时不能出现 IP
地址相同、端口号也相同的网站，如果出现这种情况，只有一个网站能正常运行。因此，
如果想让多个网站都处于运行状态，则应避免发生这种情况。

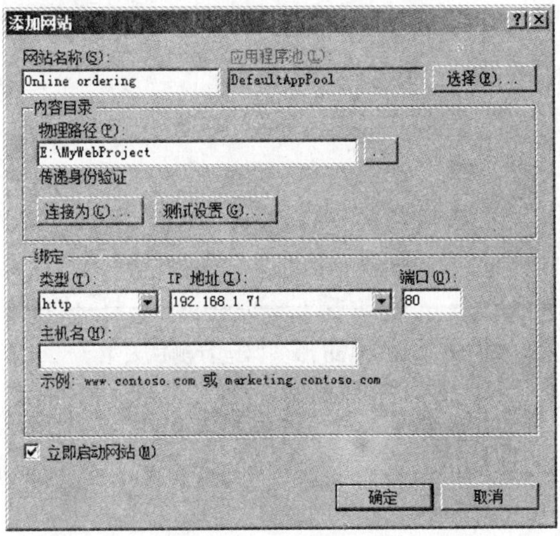

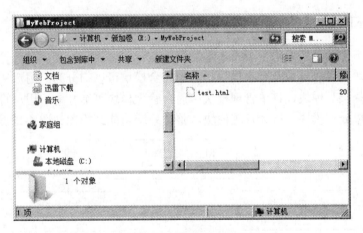

图 4-9　IIS 中网站参数的设置

在发布目录 E:\MyWebProject 中新建一个文本文件，命名为 test.txt，向该文件输入一
行文字，如 "Hello，Web！"，保存并关闭该文件，并将其重命名为 test.html，如图 4-10
所示。

图 4-10　发布目录中新建测试文件 test.html

打开浏览器，在地址栏中输入 "http://192.168.1.71/test.html"，然后按 Enter 键，若能
看到打开页中显示出 "Hello，Web！"，则测试成功，即 Web 服务器上的网站已经正常工作
了。测试效果如图 4-11 所示。

在进行上述测试时，尽可能重新找一台机器来完成测试。因为图 4-9 中的 IP 地址
192.168.1.71 是内网地址不能对外服务，所以对这类 IP，要求新机器与服务器应处在同一
网段中。

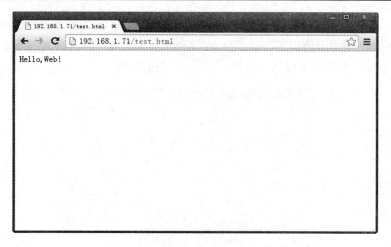

图 4-11　Web 服务器运行测试效果

在服务器整个环境部署中，还有数据库管理系统 SQL Server 的安装及部署。除此之外，还需要在订餐系统开发的计算机上安装 Visual Studio 等，这些都是系统设计与开发前的准备工作，关于这些内容本章不再赘述，尚不掌握的读者可查阅其他资料。

4.3　系统功能结构设计

本节主要完成对订餐系统功能结构的设计，并在功能结构设计的基础上给出系统功能示意图。

4.3.1　系统功能结构概要设计

按照 4.1 节中的系统要求，可将本系统分为前台（客户端）和后台（管理端）两大模块，每个大模块又可以分成几个小模块。其中前台模块可以细分为：用户注册模块、用户登录模块、选择菜品模块、订单管理模块；后台管理模块可细分为：用户管理模块、菜品管理模块、订单处理模块、统计管理模块。整个系统功能结构图如图 4-12 所示。

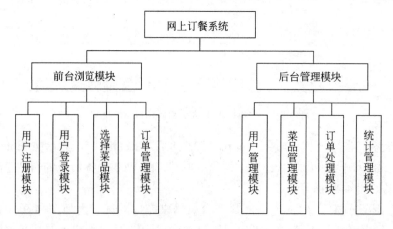

图 4-12　系统功能结构图

1. 前台浏览功能模块

用户进入网站进行操作的模块，主要包括以下几个部分：①用户注册，用以完成新用户的注册，只有注册用户才能进行网上订餐操作；②用户登录，完成用户的登录，登录成功后，用户可以进行订餐的各类操作；③选择菜品，实现用户对菜品的选择操作，选择完成后可进行下订单操作；④订单管理，完成对订单的管理工作，其中包括送货地址的管理。

2. 后台管理模块

管理员后台对网站进行管理的模块，主要包括以下几个部分：①用户管理，管理员对用户信息进行查看，并可进行用户的添加与删除操作；②菜品管理，提供对菜品的添加、删除、修改和查询等操作；③订单处理，显示客户订单，并由管理员对订单的处理状态进行管理；④统计管理，管理员对菜品及用户的信息按照一定的时间段进行统计。

4.3.2　系统功能示意图

从严格的软件开发角度，并没有提及系统功能示意图这一概念。在此引入功能示意图的主要目的是帮助读者快速了解自己所需设计的主要模块对应的页面及功能，以便读者在系统实现时能快速完成相关页面的设计。

1. 用户注册模块示意

用户单击网上订餐系统主页面的"注册"按钮，进入用户注册页面，该页面效果示意如图 4-13 所示。

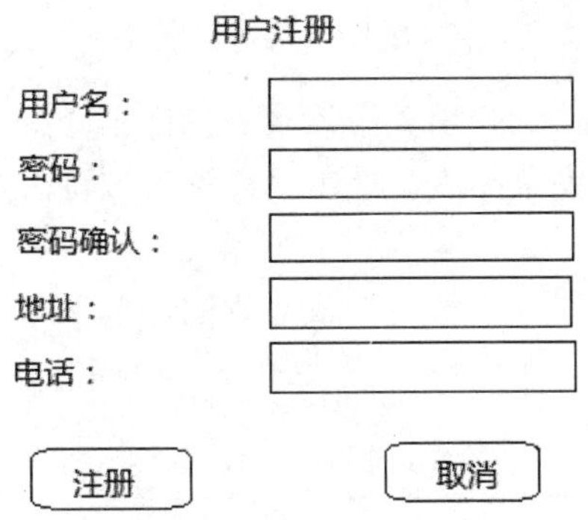

图 4-13　用户注册示意图

用户在相关文本框中输入所需信息，完成后单击"注册"按钮进行注册，注册成功后有提示信息。若注册不成功，也会出现相关提示信息。若单击"取消"按钮，则取消注册的动作。

2. 用户登录模块示意

用户单击主页面中的"登录"按钮，或者页面中相应的登录区域，则出现登录对话框。图 4-14 是登录模块的示意图。

用户在相应文本框中输入信息，单击"登录"按钮，如果信息验证通过，则提示登录成功；若登录不成功，则给出相应的提示信息，如用户名或密码错误等。

图 4-14　用户登录示意图

3. 选择菜品模块示意

用户在相关页面中单击"点菜"或者"菜品浏览"等按钮，就可进入菜品选择页面，该页面效果示意如图 4-15 所示。

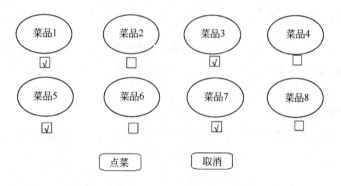

图 4-15　菜品选择示意图

用户单击图中相应菜品，则弹出关于该菜品的详细介绍；若在菜品下的方框中打钩，则表示选中相应菜品，选择完菜品后，单击"点菜"按钮，则进行点菜操作。

4. 订单管理模块示意

用户在相关页面上单击"订单管理"或"我的订单"即可进入订单管理页面。该页面效果示意图如图 4-16 所示。

订单详情		收货人	金额	状态	操作	
订单号：xxxxx						
菜品1	＊1	张三	￥57.00	已完成	取消	删除
菜品2	＊1		货到付款			
菜品3	＊1					
订单号：yyyyy						
菜品5	＊1	李四	￥88.00	正在配送	取消	删除
菜品8	＊1		货到付款			
菜品23	＊1					

图 4-16　订单管理示意图

在订单管理中，用户单击某一菜品，则可弹出关于该菜品的详细信息。另外，在订单管理中可实现订单的取消和删除。需要注意在具体实现时，订单的取消是有条件的，如订单状态为已完成，则不允许取消该订单。具体条件应根据系统订餐规则详细设定。

5. 用户管理模块示意

用户管理模块属于后台模块，仅面向后台客户，只有管理员才能进行相关操作。其示意图如图 4-17 所示。

图 4-17 用户管理示意图

在用户管理中，管理员可单击"新增用户"按钮添加用户，也可以对系统中现有的用户信息进行修改和删除，实现这些操作只需单击某用户对应的修改和删除按钮即可。

示意图中的状态及权限信息需要更改时，也是通过修改功能实现的。

6. 菜品管理模块示意

菜品管理也属于后台模块，用于管理员对菜品进行增加、删除、修改、查询等操作。其示意图如图 4-18 所示。

图 4-18 菜品管理示意图

在菜品管理中，管理员如果需要增加新菜品，可单击右上角的"新增菜品"按钮；如果需要修改或者删除某一菜品，则单击该菜品对应的操作按钮即可。另外，该模块中也提供了菜品查询功能，主要应用于菜品较多时的便捷查找。

7. 订单处理模块示意

订单处理模块为后台模块，主要用于管理员对订单进行相关处理操作。其示意图如图 4-19 所示。

在订单处理中，管理员可对订单状态进行修改，并且可以实现订单的删除和取消。从逻辑上分析，管理员不能随意取消或删除用户订单，所以要进行取消或删除动作必须要有一定的条件，即使作为管理员也不能随意进行相关操作。另外，此处还提供了订单查询功能，在订单较多时，此功能更为便捷。

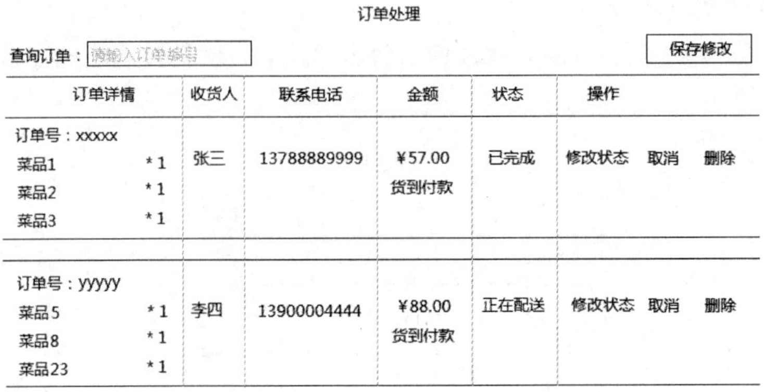

订单处理
查询订单：请输入订单编号
保存修改
订单详情
收货人
联系电话
金额
状态
操作
订单号：xxxxx
菜品1 *1
菜品2 *1
菜品3 *1
张三
13788889999
¥57.00
货到付款
已完成
修改状态 取消 删除
订单号：yyyyy
菜品5 *1
菜品8 *1
菜品23 *1
李四
13900004444
¥88.00
货到付款
正在配送
修改状态 取消 删除

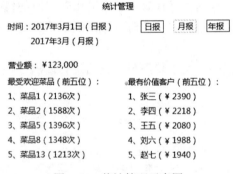

图 4-19 订单处理示意图

8. 统计管理模块示意

统计管理模块也属于后台模块，用于对订餐相关信息进行数据统计。其功能示意图如图 4-20 所示。

统计管理
时间：2017年3月1日（日报）
2017年3月（月报）
日报
月报
年报
营业额：¥123,000
最受欢迎菜品（前五位）：
1、菜品1（2136次）
2、菜品2（1588次）
3、菜品5（1396次）
4、菜品8（1348次）
5、菜品13（1213次）
最有价值客户（前五位）：
1、张三（¥2390）
2、李四（¥2218）
3、王五（¥2080）
4、刘六（¥1988）
5、赵七（¥1940）

图 4-20 统计管理示意图

此处的统计管理模块主要为餐厅提供简要的参考信息，如当日或当月的营业额、客户最喜欢的菜品以及对餐厅贡献最大的客户等。图中所列数据仅供餐厅改善菜品质量，提升客户服务满意度之用，并非一般餐厅的财务报表，读者如有需求也可自行设计添加。

4.4 数据库设计

数据库设计是 Web 项目设计与开发中必不可少的环节，本章仅涉及本项目所用数据库、数据表、视图等的设计，若要了解创建数据库、数据表的基本知识，请参阅相关文档资料。

本章在进行数据库设计时，仅给出满足项目要求的最基本的数据表，对于更多的表及更丰富的功能，读者可根据自己的学习情况自行选择增加。

从软件工程的严格理论要求上讲，数据库设计一般应包含下面几个步骤：

（1）需求分析；

（2）概念结构设计；

（3）逻辑结构设计；

（4）数据库物理设计；

（5）数据库实施；

（6）数据库运行与维护。

但是对快速开发或无相关基础知识的读者来讲，最关注的是数据库物理实现。如果要快速建立数据库，应该满足以下几个步骤：

（1）根据项目要求分析数据库中所需要的数据表；

（2）设计每张数据表的结构，并指出主键和外键；

（3）根据主键和外键找出表之间的对应关系。

特别提醒：由于设计者在设计数据库时可能会出现设计思路的波动，在数据库设计过程中，经常会对数据表做微调。因此，数据表的结构及表间关系也需要不断修改调整，直到令设计者较满意为止。

根据上述的快速开发要求，该项目也可以做下面设计。

为了满足项目需求，数据库中至少应该包含 6 张表，即管理员表、用户表、菜品表、订单表、订单明细表、订餐状态表。

每张表的功能及结构如下所示。

（1）管理员表：用来存储网站管理员的信息，具体结构如表 4-4 所示。

表 4-4　管理员表

序号	字　段　名	类　型	长　度	注　释	是否主（外）键
1	ID	Int	4	管理员编号	主
2	Manager	varchar	30	管理员登录名	否
3	Pwd	varchar	20	管理员密码	否

（2）用户表：用来存储网站用户的信息，为了简化操作，假定每个用户只有一个送货地址，这样就无须再新建地址表。用户表具体结构如表 4-5 所示。

表 4-5　用户表

序号	字　段　名	类　型	长　度	注　释	是否主（外）键
1	ID	int	4	用户编号	主
2	username	varchar	30	用户登录名	否
3	truename	varchar	30	用户真实姓名	否
4	pwd	varchar	20	用户密码	否
5	address	varchar	200	用户地址	否
6	tel	varchar	20	用户电话	否

（3）菜品表：用来存储菜品信息，具体结构如表 4-6 所示。

表 4-6　菜品表

序号	字　段　名	类　型	长　度	注　释	是否主（外）键
1	ID	bigint	8	菜品编号	主
2	Name	varchar	50	菜品名称	否
3	introduce	text	16	菜品介绍	否
4	price	float	20	菜品价格	否
5	nowPrice	float	200	菜品现价	否
6	picture	varchar	100	菜品图片地址	否
7	inTime	datetime	8	菜品推出时间	否
8	isNew	bit	1	是否为新品	否

（4）订单表：用来存储网站订单信息，具体结构如表 4-7 所示。

表 4-7　订单表

序　号	字　段　名	类　型	长　度	注　释	是否主（外）键
1	orderID	bigint	8	订单编号	主
2	userID	int	4	订单用户编号	外
3	orderDate	datetime	8	用户真实姓名	否
4	orderStatus	int	4	用户密码	外
5	managerID	int	4	用户地址	外
6	bz	varchar	100	用户电话	否

（5）订单明细表：用来存储订单的详细信息，具体结构如表 4-8 所示。

表 4-8　订单明细表

序　号	字　段　名	类　型	长　度	注　释	是否主（外）键
1	orderID	bigint	8	订单编号	主
2	goodsID	bigint	8	菜品编号	主
3	price	float	8	菜品价格	否
4	number	int	4	菜品数量	否

（6）订餐状态表：用来存储订餐的状态信息，具体结构如表 4-9 所示。

表 4-9　订餐状态表

序　号	字　段　名	类　型	长　度	注　释	是否主（外）键
1	orderStatusID	int	8	订餐状态编号	主
2	StatusName	varchar	10	订餐状态名称	否

在各表结构确立后，设置每个表中的主键和外键，然后生成数据库关系图，该项目数据库关系如图 4-21 所示。

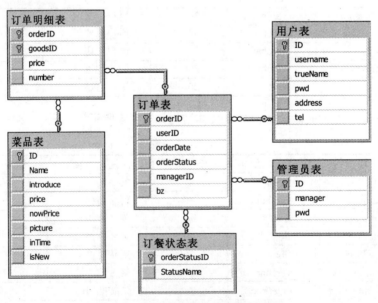

图 4-21　网上订餐系统数据库关系图

至此，关于数据库的设计工作基本完成，值得注意的是，在数据库关系图中反映了各表之间的逻辑联系，反映到各表中就要求相关联表中的数据要一致，否则会出现数据冲突提示。

4.5　系　统　实　现

本节将根据 4.3 节的功能结构及结构示意图来实现网上订餐系统。订餐系统中所涉及的代码部分，本节中只给出核心代码或关于代码的说明，具体系统的实现必须由读者亲自完成。

为了后面代码可以方便地实现，首先创建两个页面：一个是客户端（前台）首页 home.aspx，另一个是管理端（后台）首页 admin.aspx，两个页面均在 Visual Studio 2013 下完成，具体操作过程如下。

1. home.aspx 的创建

打开 VS2013，新建 Visual C#→Web 项目，项目名称和解决方案名称都命名为 Online-ordering，项目位置指定为 E:\MyWebProject。

在项目中添加 Web 窗体，命名为 home.aspx，并在窗体上放置一些基本控件，做成一个简单的订餐系统首页，如图 4-22 所示。

这个主页可以是一个简单的演示网页，里面主要包括系统功能模块的显示及链接即可，其他内容读者可根据自己的需要去设计添加。

图 4-22　客户端主页 home.aspx

该页面中涉及的主要控件如表 4-10 所示。

表 4-10　home.aspx 页面中主要控制及属性

序号	控件	属性	值
1	HyperLink	ID	HyperLink_home
		Text	首页
		NavigateUrl	home.aspx
2	HyperLink	ID	HyperLink_menu
		Text	选择菜品
		NavigateUrl	menu.aspx
3	HyperLink	ID	HyperLink_myorder
		Text	我的订单
		NavigateUrl	myorder.aspx
4	HyperLink	ID	HyperLink_reg
		Text	"注册"
		NavigateUrl	register.aspx

续表

序号	控　件	属　性	值
5	HyperLink	ID	HyperLink_login
		Text	"登录"
		NavigateUrl	login.aspx

2. admin.aspx 的创建

在项目中添加另一个 Web 窗体，命名为 admin.aspx，并在窗体上放置一些基本控件，做成一个后台管理页面。

管理员主页也是一个简单的演示网页，里面主要包括管理相关功能模块的显示及链接，对于其他内容读者也可根据自己的需要去设计添加，如图 4-23 所示。

图 4-23　管理后台主页 admin.aspx

该页面中涉及的主要控件如表 4-11 所示。

表 4-11　admin.aspx 页面中的主要控件及属性

序号	控　件	属　性	值
1	HyperLink	ID	HyperLink_admin
		Text	管理首页
		NavigateUrl	admin.aspx
2	HyperLink	ID	HyperLink_usermanage
		Text	用户管理
		NavigateUrl	usermanage.aspx
3	HyperLink	ID	HyperLink_menumanage
		Text	菜品管理
		NavigateUrl	menumanage.aspx
4	HyperLink	ID	HyperLink_orderdeal
		Text	订单处理
		NavigateUrl	orderdeal.aspx
5	HyperLink	ID	HyperLink_statistics
		Text	统计管理
		NavigateUrl	statistics.aspx
6	HyperLink	ID	HyperLink_adminlogin
		Text	"登录"
		NavigateUrl	adminlogin.aspx

4.5.1　用户注册的实现

用户注册是通过注册页面收集来自用户的相关信息，并将这些信息存储在数据库中的用户表中。

在项目中添加一个 Web 窗体，命名为 register.aspx，并在窗体上放置相关控件，做成注册页面。

　　实现用户注册时需要注意注册页面中所填内容均需要验证。该页面中涉及的主要控件如表 4-12 所示。

表 4-12　register.aspx 页面中的主要控件及属性

序号	控　件	属　性	值
1	TextBox	ID	TextBox_username
		Text	空
2	TextBox	ID	TextBox_truename
		Text	空
3	TextBox	ID	TextBox_passwd
		TextMode	Password
4	TextBox	ID	TextBox_passconf
		TextMode	Password
5	TextBox	ID	TextBox_addr
		Text	空
6	TextBox	ID	TextBox_tel
		Text	空
7	Button	ID	but_register
		Text	注册
8	RequiredFieldValidator	ID	RF_username
		ControlToValidate	TextBox_username
		ErrorMessage	您必须填写用户名
9	RequiredFieldValidator	ID	RF_truename
		ControlToValidate	TextBox_truename
		ErrorMessage	您必须输入真实姓名
10	RequiredFieldValidator	ID	RF_passwd
		ControlToValidate	TextBox_passwd
		ErrorMessage	您必须填写密码
11	RequiredFieldValidator	ID	RF_passconf
		ControlToValidate	TextBox_passconf
		ErrorMessage	您必须再次输入密码
12	RequiredFieldValidator	ID	RF_addr
		ControlToValidate	TextBox_addr
		ErrorMessage	您必须输入有效地址
13	RequiredFieldValidator	ID	RF_tel
		ControlToValidate	TextBox_tel
		ErrorMessage	您必须输入联系电话
14	CompareValidator	ID	CV_pass
		ControlToValidate	TextBox_passconf
		ControlToCompare	TextBox_passwd
		ErrorMessage	对不起，您两次输入的密码不一样

　　控件中"注册"输入进行编码，主要功能是要将用户提交的注册信息写进数据库中的用户表。在代码实现过程中，要注意判断用户名的重复性，即如果注册时发现将要注册的

用户名已存在，则需要给用户相关的提示信息。

关于 C#连接数据库的方法，这里不再赘述，只提及和本系统相关的 C#类。为了操作方便，需要新建两个类，一个用于连接数据库，命名为 DBMgr.cs；另一个是相关操作类，命名为 DAO.cs。

DBMgr.cs 核心代码如下：

```csharp
using System;
using System.Data;
using System.Configuration;
using System.Data.SqlClient;
using System.Collections;
using System.Collections.Generic;
public class DBMgr
{
    public DBMgr()
    {
        //
        //TODO：在此处添加构造函数逻辑
        //
    }

    public SqlConnection CreateConnection()
    {
        SqlConnection conn =new SqlConnection("Data Source=.;Initial
        Catalog=Online_ordering;User ID=sa;Password=sa");
        return conn;
    }

    public DataSet ExecuteDataSet(SqlConnection conn, string sql)
    {
        DataSet ds = new DataSet();
        if (conn == null || sql == null || string.Empty.Equals(sql))
        {
            return ds;
        }
        else
        {
            try
            {
                if (conn.State.Equals(ConnectionState.Closed))
                {
                    conn.Open();
                }
                SqlDataAdapter da = new SqlDataAdapter(sql, conn);
                da.Fill(ds);
```

```
        }
        catch (Exception e)
        {
            throw e;
        }
        finally
        {
            if (conn.State.Equals(ConnectionState.Open))
            {
                conn.Close();
            }
        }
        return ds;
    }
}
public DataTable GetDataBySql(SqlConnection conn, string sql)
{
    if (conn.State != ConnectionState.Open)
        conn.Open();
    SqlCommand scmd = new SqlCommand();
    scmd.Connection = conn;
    scmd.CommandText = sql;
    scmd.CommandType = CommandType.Text;
    DataTable dt = new DataTable();
    SqlDataAdapter sda = new SqlDataAdapter();
    sda.SelectCommand = scmd;
    sda.Fill(dt);
    return dt;
}
//关闭一个数据库连接
public void Close(SqlConnection conn)
{
    if (conn != null && conn.State.Equals(ConnectionState.Open))
    {
        conn.Close();
    }
}
public int ExecuteNonQuery(SqlConnection conn, string sql, params
SqlParameter[] parameters)
{
    int result = 0;
    if (conn == null || sql == null || string.Empty.Equals(sql))
    {
        return result;  //进入这个分支，说明执行 SQL 的条件不充足，无法执行，直接返回
    }
```

```
        else if (parameters == null || parameters.Length == 0)
        {
            return result;
        }
        else
        {
            try
            {
                if (conn.State.Equals(ConnectionState.Closed))
                {
                    conn.Open();
                }
                SqlCommand cmd = new SqlCommand();
                cmd.Connection = conn;
                cmd.CommandType = CommandType.Text;
                cmd.CommandText = sql;
                if (parameters != null && parameters.Length != 0)
                {
                    cmd.Parameters.AddRange(parameters);
                }
                result = cmd.ExecuteNonQuery();
            }
            catch (Exception e)
            {
                throw e;
            }
            finally
            {
                if (conn.State.Equals(ConnectionState.Open))
                {
                    conn.Close();
                }
            }
            return result;
        }
    }
}
```

DAO.cs 核心代码如下：

```
using System;
using System.Collections.Generic;
using System.Linq;
using System.Collections;
using System.Configuration;
using System.Data;
```

```
using System.Data.SqlClient;
using System.Data.Sql;
using System.Text;
using System.IO;
public class DAO
{
    public DAO()
    {
        //
        //TODO：在此处添加构造函数逻辑
        //
    }
    public static string t_username;
    public static string t_truename;
    public static string t_passwd;
    public static string t_address;
    public static string t_tel;
    public void registeruser()
    {
        string sql="";
        string username=t_username;
        DBMgr db = new DBMgr();
        DataTable dtt= new DataTable();
        SqlConnection conn = db.CreateConnection();
        sql = "select username from 用户表 where username='" + username + "'";
        dtt = db.GetDataBySql(conn, sql);
        int u_count = dtt.Rows.Count;
        if (u_count > 0)
        {
            System.Web.HttpContext.Current.Response.Write("<script>alert
            ('该用户名已存在,请重新选择！')</script>");
        }
        else
        {
            sql = "insert into 用户表(username,truename,pwd,address,tel)
values(@username,@truename,@pwd,@address,@tel)";
            SqlParameter[] parameters = {
                        new SqlParameter("@username",SqlDbType.VarChar,30),
                        new SqlParameter("@truename",SqlDbType.VarChar,30),
                        new SqlParameter("@pwd",SqlDbType.VarChar,20),
                        new SqlParameter("@address",SqlDbType.VarChar,200),
                        new SqlParameter("@tel",SqlDbType.VarChar,20),
                            };
            parameters[0].Value = t_username;
```

```
        parameters[1].Value = t_truename;
        parameters[2].Value = t_passwd ;
        parameters[3].Value = t_address ;
        parameters[4].Value = t_tel;

        db.ExecuteNonQuery(conn, sql, parameters);
        System.Web.HttpContext.Current.Response.Write("<script>alert
        ('注册成功! ')</script>");
    }
  }
}
```

页面中的"注册"按钮的相应代码如下:

```
protected void but_register_Click(object sender, EventArgs e)
{
    DAO action= new DAO();
    DAO.t_username =TextBox_username.Text.ToString();
    DAO.t_truename=TextBox_truename.Text.ToString();
    DAO.t_passwd=TextBox_passwd.Text.ToString();
    DAO.t_address=TextBox_addr.Text.ToString();
    DAO.t_tel = TextBox_tel.Text.ToString();
    action.registeruser();

}
```

注册页面 register.aspx 的实现如图 4-24 所示。

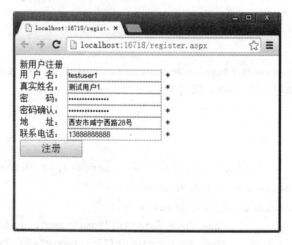

图 4-24　注册页面 register.aspx

4.5.2　用户登录的实现

用户登录是获取用户输入的用户名和密码信息,将其与数据库中提取的用户名和密码进行比对，如果两者都正确，则用户登录成功并在页面显示用户信息；若信息不正确，则给出相关提示信息，并接受用户重新输入。

在项目中添加一个 Web 窗体，命名为 login.aspx，并在窗体上放置相关控件，完成登录页面。该页面中涉及的主要控件如表 4-13 所示。

表 4-13　login.aspx 页面中的主要控件及属性

序号	控　　件	属　　性	值
1	TextBox	ID	TextBox_username
		Text	空
2	TextBox	ID	TextBox_passwd
		TextMode	Password
3	Label_username	ID	Label_username
		Text	用户名：
4	Label_passwd	ID	Label_passwd
		Text	密码：
5	Button	ID	but_login
		Text	登录

单击"登录"按钮，对用户输入的用户名和密码信息进行验证。如果验证成功，需要在相应网页中显示该用户。

DAO.cs 中需要添加的代码如下：

```
public void userlogin()
{
 string sql = "";
 string username = t_username;
 string passwd = t_passwd;
 DBMgr db = new DBMgr();
 DataTable dtt = new DataTable();
 SqlConnection conn = db.CreateConnection();
 sql = "select username, pwd from 用户表 where username='" + username + "'
 and pwd='"+ passwd +"'";
 dtt = db.GetDataBySql(conn, sql);
 int u_count = dtt.Rows.Count;
if (u_count > 0)
{
   System.Web.HttpContext.Current.Response.Write("<script>alert('登录成
   功! ')</script>");
   System.Web.HttpContext.Current.Session["username"] = dtt.Rows[0]["username"]
   + "";
   System.Web.HttpContext.Current.Session["pwd"] = dtt.Rows[0]["pwd"]+"";
   System.Web.HttpContext.Current.Response.Redirect("home.aspx");
```

```
    }
    else
    {
        System.Web.HttpContext.Current.Response.Write("<script>alert('用户名或
        密码错,请重新输入! ')</script>");
    }
}
```

页面中"登录"按钮的相应代码:

```
protected void but_login_Click(object sender, EventArgs e)
    {
        DAO action = new DAO();
        DAO.t_username = TextBox_username.Text.ToString();
        DAO.t_passwd = TextBox_passwd.Text.ToString();
        action.userlogin();
    }
```

要在 home.aspx 中显示已经登录用户的用户名,在 home.aspx.cs 中还要加入下面代码:

```
protected void Page_Load(object sender, EventArgs e)
{
    if (System.Web.HttpContext.Current.Session["username"] == "")
    {
        Label_message.Visible = false;
        HyperLink_login.Visible = true;
        HyperLink_reg.Visible = true;
    }
    else
    {
        Label_message.Visible = true;
        Label_message.Text = "欢迎您, "+Session["username"].ToString();
        HyperLink_login.Visible = false;
        HyperLink_reg.Visible = false;
    }
}
```

4.5.3 菜品选择的实现

　　菜品选择是根据用户的选择下订单。用户选择相关的菜品,完成后单击"下单"按钮,则完成下单工作。在该页面中也可进行菜品查询,输入要查询的菜品名称,单击"查询"按钮,即可查出相应菜品。

在项目中添加一个 Web 窗体，命名为 menu.aspx，并在窗体中放置相关控件，生成菜品选择页面。页面中主要控件及属性如表 4-14 所示。

表 4-14　menu.aspx 页面中的主要控件及属性

序号	控　件	属　　性	值
1	TextBox	ID	tx_findmenu
		Text	空
2	Button	ID	but_search
		Text	查询
3	Button	ID	but_order
		Text	下单
4	CheckBox	ID	cksel
5	HiddenField	ID	hidmenuID
		Value	<%#Eval("ID") %>
6	Repeater	ID	Repeater1

表 4-14 中，HiddenField 是为了程序处理的方便，将菜品编号记录下来，在处理"下单"功能时就有依据了。Repeater 的功能主要是将数据库中查询到的有效数据呈现到前台页面。页面 menu.aspx 中 Repeater 的具体代码如下：

```
<asp:Repeater ID="Repeater1" runat="server">
   <ItemTemplate>
      <tr>
        <td>
           <asp:CheckBox runat="server" ID="cksel" />
           <asp:HiddenField runat="server" ID="hidmenuID" Value='<%#Eval
           ("ID") %>' />
        </td>
        <td>
           <a href="menuview.aspx?menuNo=<%#Eval("ID")%>"><%#Eval("Name")
           %></a></td>
        <td><%#Eval("introduce") %></td>
        <td><%#Eval("nowPrice")%></td>
        <td>1</td>
      </tr>
   </ItemTemplate>
</asp:Repeater>
```

下单功能的代码如下：

```
string sql = string.Empty;
userN = Convert.ToString(Session["username"]);
userID = Convert.ToInt32(Session["userID"]);
if (userN == "")
  {
    Response.Write("<script>alert('对不起，您还未登录，请先登录再下订单！')</script>");
```

```
        }
    else
        {
            Int64 orderID=generate_orderID();//产生订单号函数
            DateTime dt = System.DateTime.Now;
            DBMgr db = new DBMgr();
            DataTable dtt = new DataTable();
            SqlConnection conn = db.CreateConnection();
            sql = "insert into 订单表(orderID,userID,orderDate,orderStatus) values
        ("+orderID+","+userID+",'"+dt+"',1)";
            db.ExecSQL(conn, sql);
            string sql1 = "insert into 订单明细表(orderID, goodsID,number) values ";
            foreach (RepeaterItem item in Repeater1.Items)
                {
                    CheckBox ckSel = (CheckBox)item.FindControl("cksel");
                    if (ckSel.Checked == true)
                    {
                      string menuID = ((HiddenField)item.FindControl("hidmenuID")).Value;
                      sql1=sql1+"("+orderID+","+menuID+","+"1),";
                    }
                }
            sql1=sql1.Substring(0,sql1.Length-1);
            int count = db.ExecSQL(conn, sql1);
            if (count > 0)
                {
                    Response.Write("<script>alert('下单成功! ')</script>");
                    Response.Redirect("myorder.aspx");
                }
        }
```

菜品选择页面 menu.aspx 的实现如图 4-25 所示。

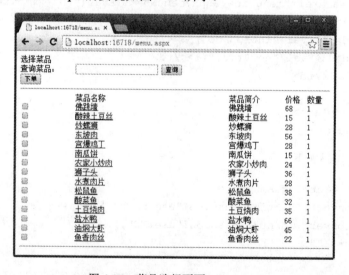

图 4-25　菜品选择页面 menu.aspx

此处需要说明的是，为了简化处理流程，程序中对点菜数量做了统一处理，即每一订单每个菜品只能点一份，这种处理方式也符合人们一般的点菜习惯。如果真需要改变数量，也可以做出改进，这个改进就留给读者来完成。

4.5.4 "我的订单"的实现

"我的订单"就是显示某用户已经点过的菜品订单。要应用此功能，必须先成功登录系统，所以在程序处理中，要先判断用户是否已经登录，若登录成功，才能显示该用户已经下过的订单。在此模块中，还要添加两个功能，一个是"取消订单"的功能，这是网上下单必备的功能。在设计时，可以直接取消，还可以设置取消条件，因为菜品是特殊商品，如果已经做好正在配送，则不允许用户取消。从初学者角度考虑，可以允许用户直接取消。另一个功能是"删除订单"功能，这也是当前网购最常见的功能之一，与"取消订单"一样，也可以设置删除订单的条件。在此演示中，暂未考虑设置"取消"和"删除"订单的条件。读者可根据自己的要求加上此功能。

在项目中添加一个 Web 窗体，命名为 myorder.aspx，并在窗体上放置相关控件，生成"我的订单"页面，页面中主要控件及属性如表 4-15 所示。

表 4-15　myorder.aspx 页面中的主要控件及属性

序号	控　件	属　性	值
1	TextBox	ID	tx_findorder
		Text	空
2	Button	ID	but_search
		Text	查询
3	Button	ID	but_cancel
		Text	取消
4	Button	ID	but_del
		Text	删除
5	CheckBox	ID	cksel
6	Label	ID	Label_message
		Text	显示登录用户名
7	HiddenField	ID	hidorderID
		Value	<%#Eval("orderID") %>
8	Repeater	ID	Repeater1

表中的 HiddenField 功能和 menu.aspx 功能相同。Repeater 是数据的前台展示控件。页面 myorder.aspx 中 Repeater 的代码如下：

```
<asp:Repeater ID="Repeater1" runat="server">
  <ItemTemplate>
    <tr>
     <td>订单编号: <br /><asp:CheckBox runat="server" ID="cksel" />
      <asp:HiddenField runat="server" ID="hidorderID" Value='<%#Eval
      ("orderID") %>' /><%#Eval("orderID") %></td>
```

```
        <td><%#Eval("Names") %></td>
        <td><%#Eval("truename")%></td>
        <td>￥<%#Eval("total")%></td>
        <td><%#Eval("StatusName")%></td>
      </tr>
      <tr>
        <td colspan="5"><hr /></td>
      </tr>
    </ItemTemplate>
</asp:Repeater>
```

取消订单的参考代码如下：

```
string hidorder_IDs = string.Empty;
DBMgr db = new DBMgr();
SqlConnection conn = db.CreateConnection();
foreach (RepeaterItem item in Repeater1.Items)
  {
    CheckBox ckSelectAll = (CheckBox)item.FindControl("cksel");
    if (ckSelectAll.Checked == true)
    {
      string orderID = ((HiddenField)item.FindControl("hidorderID")).
      Value;
              hidorder_IDs += orderID + ",";
    }
 }
if (hidorder_IDs.Length > 0)
 {
   hidorder_IDs = hidorder_IDs.TrimEnd(',');
   int del = db.ExecSQL(conn, "update 订单表 set orderStatus=4 where orderID
   in (" + hidorder_IDs + ")");
   if (del > 0)
    {
      Response.Redirect("myorder.aspx");
    }
   else
    {
      Response.Write("<script>alert('取消失败！')</script>");
    }
 }
```

删除订单的代码如下：

```
string hidorder_IDs = string.Empty;
```

```
DBMgr db = new DBMgr();
SqlConnection conn = db.CreateConnection();
foreach (RepeaterItem item in Repeater1.Items)
{
    CheckBox ckSelectAll = (CheckBox)item.FindControl("cksel");
    if (ckSelectAll.Checked == true)
    {
        string orderID = ((HiddenField)item.FindControl("hidorderID")).
        Value;
        hidorder_IDs += orderID + ",";
    }
}
if (hidorder_IDs.Length > 0)
{
    hidorder_IDs = hidorder_IDs.TrimEnd(',');
    int del = db.ExecSQL(conn, "delete  from 订单表 where orderID  in (" +
    hidorder_IDs + ")");
    if (del > 0)
    {
        Response.Redirect("myorder.aspx");
    }
    else
    {
        Response.Write("<script>alert('删除失败！')</script>");
    }
}
```

查询订单的代码如下：

```
string orderName =tx_findorder.Text;
DBMgr db = new DBMgr();
SqlConnection conn = db.CreateConnection();
string sql="select * from 送餐 where Names like '%" + orderName.Trim() + "%' ";
DataTable dt = db.GetDataBySql(conn, sql);
this.Repeater1.DataSource = dt;
this.Repeater1.DataBind();
```

上面代码中出现"送餐"是数据库中的视图，视图的数据来自数据库中的数据表，但视图只是一种逻辑表，它并不是实体表。为了满足系统的需求，在数据库中新建了两个视图，一个命名为"送餐详单"，主要目的是获取送餐所需的详细信息；另一个命名为"送餐"，该视图是在"送餐详单"的基础上创建的，目的是将同一订单中的所有菜品由原来的多条记录合并为单条记录，以方便后续的处理。两个视图的设计分别如图 4-26 和图 4-27 所示。两个视图均为复杂的多表查询视图，需要读者细细品味。

```
SELECT dbo.用户表.trueName, dbo.用户表.username, dbo.用户表.address, dbo.用户表.tel, dbo.
订单表.orderID, dbo.订单表.orderDate, dbo.订单表.bz, dbo.订单表.orderStatus, dbo.订单
表.managerID, dbo.菜品表.Name, dbo.菜品表.price, dbo.订单明细表.number, dbo.订单明细
表.number * dbo.菜品表.price AS totalprice, dbo.订餐状态表.StatusName, dbo.订单明细
表.goodsID
FROM    dbo.菜品表  INNER JOIN
        dbo.订单明细表  ON dbo.菜品表.ID = dbo.订单明细表.goodsID INNER JOIN
        dbo.订单表  ON dbo.订单明细表.orderID = dbo.订单表.orderID INNER JOIN
        dbo.用户表  ON dbo.订单表.userID = dbo.用户表.ID INNER JOIN
        dbo.订餐状态表  ON dbo.订单表.orderStatus = dbo.订餐状态表.orderStatusID
```

图 4-26　送餐详单视图的设计

```
SELECT B.orderID, B.total, B.StatusName, B.orderStatus, B.tel, B.address, B.truename,
B.orderDate, B.username, LEFT(menuName, LEN(menuName)  -1) AS Names
FROM (SELECT A.orderID, SUM(totalprice) AS total, A.StatusName, A.orderStatus, A.tel,
A.address, A.truename, A.orderDate, A.username,
(SELECT Name + ', ' FROM  送餐详单  c WHERE c.orderID = A.orderID FOR XML
PATH('')) AS menuName
FROM  送餐详单  AS A GROUP BY A.orderID, A.StatusName, A.orderStatus,  A.tel,
A.address,  A.truename, A.username, A.orderDate) AS B
```

图 4-27　送餐视图的设计

页面 myorder.aspx 的实现如图 4-28 所示。

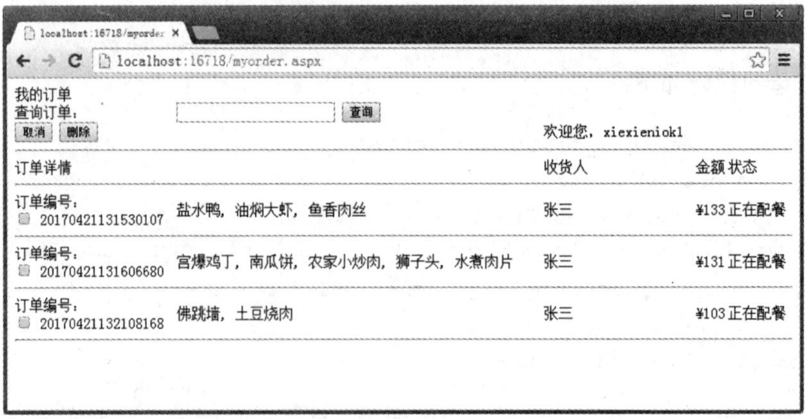

图 4-28　我的订单 myorder.aspx 页面

图 4-28 中订单编号的产生规则是当前日期时间再加上 100～999 的三位随机数，具体产生代码参考如下：

```
string dt = System.DateTime.Now.ToString("yyyyMMddHHmmss");
Random rad = new Random();
```

```
string r = rad.Next(100, 999).ToString();
Int64 ID = Convert.ToInt64(dt + r);
return ID;
```

4.5.5　用户管理的实现

用户管理可以实现用户的增加、删除、修改、查询，用户的相关信息存储在数据库中，所以涉及对相关数据库的读取和写操作。

在项目中添加一个 Web 窗体，命名为 usermanage.aspx，并在窗体上放置相关控件，生成用户管理页面。该页面中涉及的主要控件及属性如表 4-16 所示。

表 4-16　usermanage.aspx 页面中的主要控件及属性

序号	控　件	属　性	值
1	TextBox	ID	TextBox_username
		Text	空
2	TextBox	ID	TextBox_passwd
		TextMode	Password
3	Label_username	ID	Label_username
		Text	用户名：
4	Label_passwd	ID	Label_passwd
		Text	密码：
5	Button	ID	but_login
		Text	登录

单击"登录"按钮，对用户输入的用户名和密码信息进行验证。如果验证成功，需要在相应网页中显示该用户。

用户管理页面 usermanage.aspx 的实现如图 4-29 所示。

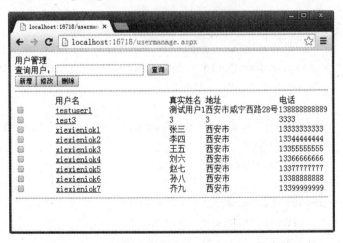

图 4-29　用户管理页面 usermanage.aspx 的实现

4.5.6　菜品管理的实现

菜品管理可以实现菜品的增加、删除、修改、查询，菜品的相关信息存储在数据库中，所以涉及对相关数据库的读取和写操作。

在项目中添加一个 Web 窗体，命名为 menumanage.aspx，并在窗体上放置相关控件，生成菜品管理页面。该页面中涉及的主要控件如表 4-17 所示。

表 4-17　menumanage.aspx 页面中的主要控件及属性

序号	控件	属性	值
1	TextBox	ID	tx_findmenu
		Text	空
2	Button	ID	but_search
		Text	查询
3	Button	ID	but_add
		Text	新增
4	Button	ID	but_modify
		Text	修改
5	Button	ID	but_delete
		Text	删除
6	CheckBox	ID	cksel
7	Label	ID	Label_message
		Text	显示登录用户名
8	HiddenField	ID	hidmenuID
		Value	<%#Eval("ID") %>
9	Repeater	ID	Repeater1

页面 menumanage.aspx 中 Repeater 的代码如下：

```
<asp:Repeater ID="Repeater1" runat="server">
    <ItemTemplate>
        <tr>
            <td>
                <asp:CheckBox runat="server" ID="cksel" />
                <asp:HiddenField runat="server" ID="hidmenuID" Value=
                '<%#Eval("ID") %>' />
            </td>
            <td><a href="menuview.aspx?menuNo=<%#Eval("ID")%>"><%#Eval ("Name")
            %> </a></td>
            <td><%#Eval("price") %></td>

            <td><%#Eval("nowPrice") %></td>
            <td><%#Eval("inTime")%></td>
            <td><%#Eval("isNew") %></td>
        </tr>
    </ItemTemplate>
</asp:Repeater>
```

新增菜品时，打开一个新的页面 menuedit.aspx，该页面中的主要控件如表 4-18 所示。

表 4-18　menuedit.aspx 页面中的主要控件及属性

序号	控　件	属　性	值
1	TextBox	ID	tx_name
		Text	空
2	TextBox	ID	tx_price
		Text	空
3	TextBox	ID	tx_intro
		Text	空
4	TextBox	ID	tx_in_date
		TextMode	空
5	TextBox	ID	tx_image_path
		Text	空
6	TextBox	ID	tx_now_price
		Text	空
7	Button	ID	but_save
		Text	保存

该页面中"保存"按钮的参考代码如下：

```
string name = tx_name.Text;
string intro = tx_intro.Text;
float price = float.Parse(tx_price.Text);
DateTime in_date = Convert.ToDateTime(tx_in_date.Text);
string image_path = tx_image_path.Text;
float now_price = float.Parse(tx_now_price.Text);
string sql = string.Empty;
DBMgr db = new DBMgr();
DataTable dtt = new DataTable();
SqlConnection conn = db.CreateConnection();
sql = "insert into 菜品表 (Name,introduce,price,nowPrice, picture,
inTime,isNew) values(@Name,@introduce,@price,@nowPrice,@picture,@inTime,
@isNew)";
SqlParameter[] parameters = {
        new SqlParameter("@Name",SqlDbType.VarChar,50),
        new SqlParameter("@introduce",SqlDbType.Text),
        new SqlParameter("@price",SqlDbType.Float),
        new SqlParameter("@nowPrice",SqlDbType.Float),
        new SqlParameter("@picture",SqlDbType.VarChar,100),
        new SqlParameter("@inTime",SqlDbType.DateTime),
        new SqlParameter("@isNew",SqlDbType.Bit),
            };
parameters[0].Value = name;
parameters[1].Value = intro;
parameters[2].Value = price;
parameters[3].Value = price;
```

```
parameters[4].Value = image_path;
parameters[5].Value = in_date;
parameters[6].Value = 1;
int count = db.ExecuteNonQuery(conn, sql, parameters);
if (count > 0)
{
    Response.Write("<script>alert('菜品添加成功! ')</script>");
    Response.Redirect("menumanage.aspx");
}
```

修改菜品的参考订单如下：

```
foreach (RepeaterItem item in Repeater1.Items)
{
    CheckBox ckSel = (CheckBox)item.FindControl("cksel");
    if (ckSel.Checked == true)
    {
        string menuID = ((HiddenField)item.FindControl ("hidmenuID")).
        Value;
        Response.Redirect("menuupdate.aspx?menuID=" + menuID);
    }
}
```

修改时又引入了一个页面 menuupdate.aspx，其主要控件及属性如表 4-19 所示。

表 4-19　menuupdate.aspx 页面中的主要控件及属性

序号	控　件	属　性	值
1	TextBox	ID	tx_name
		Text	空
2	TextBox	ID	tx_price
		Text	空
3	TextBox	ID	tx_intro
		Text	空
4	TextBox	ID	tx_in_date
		TextMode	空
5	TextBox	ID	tx_image_path
		Text	空
6	TextBox	ID	tx_now_price
		Text	空
7	Button	ID	but_save
		Text	保存

该页面在加载时，应该将要修改的菜品信息调出，然后才进行修改，所以参考代码如下：

```
if (!IsPostBack)
{
```

```
    string menu_ID = Request.Params["menuID"].ToString();
    DBMgr db = new DBMgr();
    DataTable dtt = new DataTable();
    SqlConnection conn = db.CreateConnection();
    string sql = "select * from 菜品表 where ID=" + menu_ID + "";
    dtt = db.GetDataBySql(conn, sql);
    DataRow dr = dtt.Rows[0];
    tx_name.Text = dr["Name"].ToString();
    tx_price.Text = dr["price"].ToString();
    tx_intro.Text = dr["introduce"].ToString();
    tx_in_date.Text = dr["inTime"].ToString();
    tx_image_path.Text = dr["picture"].ToString();
    tx_now_price.Text = dr["nowPrice"].ToString();
}
```

"保存"按钮的参考代码如下:

```
string menu_ID = Request.Params["menuID"].ToString();
string name = tx_name.Text;
string intro = tx_intro.Text;
float price = float.Parse(tx_price.Text);
DateTime in_date = Convert.ToDateTime(tx_in_date.Text);
string image_path = tx_image_path.Text;
float now_price = float.Parse(tx_now_price.Text);
DBMgr db = new DBMgr();
SqlConnection conn = db.CreateConnection();
string sql = "update 菜品表 set Name='" + name + "',introduce='" + intro + "',
price="+ price + ",nowPrice=" + now_price + ",picture='" + image_path + "',
inTime='" + in_date + "' where ID=" + menu_ID + "";
int count = db.ExecSQL(conn, sql);
if (count > 0)
{
    Response.Write("<script>alert('菜品添加成功! ')</script>");
    Response.Redirect("menumanage.aspx");
}
```

删除菜品时,将选中的菜品的编号处理成一个字符串,然后进行删除。参考代码如下:

```
string hidmenu_IDs = string.Empty;
DBMgr db = new DBMgr();
SqlConnection conn = db.CreateConnection();

foreach (RepeaterItem item in Repeater1.Items)
{
    CheckBox ckSelectAll = (CheckBox)item.FindControl("cksel");
    if (ckSelectAll.Checked == true)
    {
        string menuID = ((HiddenField)item.FindControl("hidmenuID")).Value;
        hidmenu_IDs += menuID + ",";
```

```
    }
}
if (hidmenu_IDs.Length > 0)
{
    hidmenu_IDs = hidmenu_IDs.TrimEnd(',');
    int del = db.ExecSQL(conn, "delete  from 菜品表 where ID  in (" + hidmenu_
    IDs + ")");
    if (del > 0)
    {
        Response.Redirect("menumanage.aspx");
    }
    else
    {
        Response.Write("<script>alert('删除失败！')</script>");
    }
}
```

menumanage.aspx 页面的实现效果如图 4-30 所示。

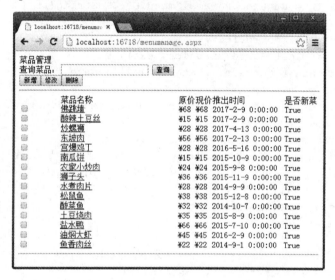

图 4-30　menumanage.aspx 页面的实现效果

4.5.7　订单处理的实现

订单处理主要是管理员用来改变订单处理状态的。用户下单完成后，管理员可以根据订单的实际情况来改变订单的状态，如从"正在配餐"状态变为"正在配送"，由"正在配送"变成"已经完成"。"取消"和"删除"这两种状态一般不能随意使用，除非用户通过其他方式已经通知管理员确实要取消订单，否则，即使是管理员也不能随意取消和删除用户订单。

在项目中添加一个 Web 窗体，命名为 orderdeal.aspx，并在窗体上放置相关控件，生成订单处理页面。该页面中涉及的主要控件及属性如表 4-20 所示。

表 4-20　orderdeal.aspx 页面中的主要控件及属性

序 号	控 件	属 性	值
1	TextBox	ID	tx_findorder
		Text	空
2	Button	ID	but_search
		Text	查询
3	Button	ID	but_delivery
		Text	配送
4	Button	ID	but_finish
		Text	完成
5	Button	ID	but_cancel
		Text	取消
6	Button	ID	but_del
		Text	删除
7	CheckBox	ID	cksel
8	HiddenField	ID	hidorderID
		Value	<%#Eval("orderID") %>
9	Repeater	ID	Repeater1

页面 orderdeal.aspx 中 Repeater 的代码如下：

```
<asp:Repeater ID="Repeater1" runat="server">
    <ItemTemplate>
        <tr>
            <td>订单编号：<br /><asp:CheckBox runat="server" ID="cksel" />
                <asp:HiddenField runat="server" ID="hidorderID" Value=
                '<%#Eval("orderID") %>' /><%#Eval("orderID") %></td>
            <td><%#Eval("Names") %></td>
            <td><%#Eval("truename")%></td>
            <td><%#Eval("total")%></td>
            <td><%#Eval("StatusName")%></td>
        </tr>
        <tr>
            <td colspan="5"><hr /></td>
        </tr>
</asp:Repeater>
```

该页面需要打开时就显示所有订单，所以在 Page_Load 中需要加入相应代码，具体加哪些代码，请读者思考并自行设计。

后面程序中要进行状态更改或者删除，用到的代码大多是相同的。为了方便处理，这里建一个函数，命名为 deal_common，将重复的内容放入该函数中。该函数代码如下：

```
protected void deal_common(string sql, string alert_m)
{
    string hidorder_IDs = string.Empty;
    DBMgr db = new DBMgr();
    SqlConnection conn = db.CreateConnection();
```

```
foreach (RepeaterItem item in Repeater1.Items)
{
    CheckBox ckSelectAll = (CheckBox)item.FindControl("cksel");
    if (ckSelectAll.Checked == true)
    {
        string orderID = ((HiddenField)item.FindControl("hidorderID")).
        Value;
        hidorder_IDs += orderID + ",";
    }
}
if (hidorder_IDs.Length > 0)
{
    hidorder_IDs = hidorder_IDs.TrimEnd(',');
    int count = db.ExecSQL(conn, sql+" where orderID in (" + hidorder_IDs + ")");
    if (count > 0)
    {
        Response.Redirect("orderdeal.aspx");
    }
    else
    {
        Response.Write("<script>alert(alert_m)</script>");
    }
}
}
```

页面中选择订单后，再单击"配送"按钮，将使选中的订单状态由"配餐"状态改为"配送"状态，该按钮参考代码如下：

```
protected void but_delivery_Click(object sender, EventArgs e)
{
    string sql = "update 订单表 set orderStatus=2";
    string alert = "状态更改失败！";
    deal_common(sql, alert);
}
```

选择订单后，再单击"完成"按钮，将使选中的订单状态由"配送"状态改为"完成"状态，该按钮参考代码如下：

```
protected void but_finish_Click(object sender, EventArgs e)
{
    string sql = "update 订单表 set orderStatus=3";
    string alert = "状态更改失败！";
    deal_common(sql, alert);
}
```

单击"取消"按钮，则将选择的订单状态由其他状态改为"取消"状态，其参考代码如下：

```
protected void but_cancel_Click(object sender, EventArgs e)
```

```
{
    string sql = "update 订单表 set orderStatus=4";
    string alert = "订单取消失败！";
    deal_common(sql, alert);
}
```

单击"删除"按钮，则需要删除选中的订单，其参考代码如下：

```
protected void but_del_Click(object sender, EventArgs e)
{
    string sql = "delete  from 订单表";
    string alert = "删除失败！";
    deal_common(sql, alert);
}
```

"查询"按钮主要完成订单的搜索，需要使用的关键代码如下：

```
protected void but_search_Click(object sender, EventArgs e)
{
    string orderName = tx_findorder.Text;
    DBMgr db = new DBMgr();
    SqlConnection conn = db.CreateConnection();
    string sql = "select * from 送餐 where Names like '%" + orderName.Trim()
    + "%' ";
    DataTable dt = db.GetDataBySql(conn, sql);
    this.Repeater1.DataSource = dt;
    this.Repeater1.DataBind();
}
```

订单处理页面 orderdeal.aspx 的实现效果如图 4-31 所示。

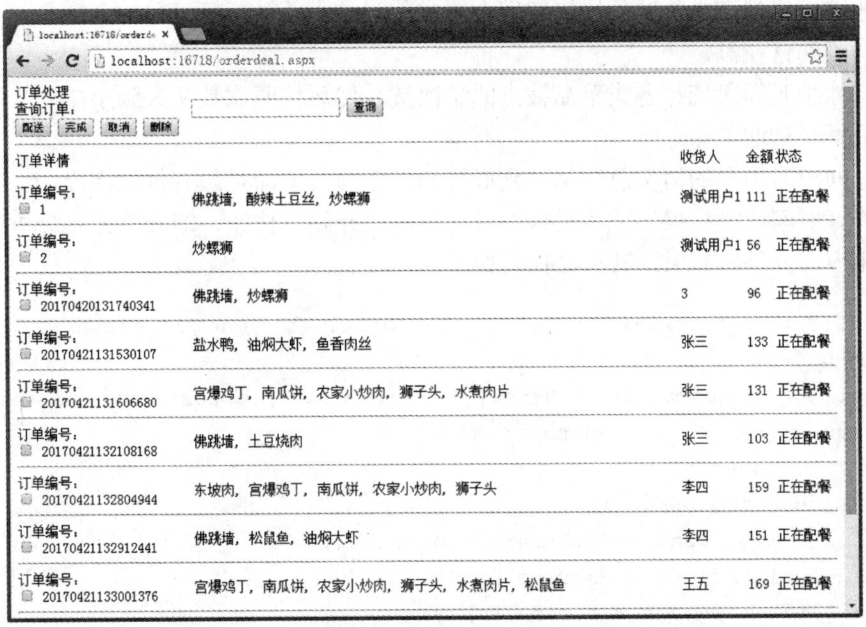

图 4-31　订单处理页面 orderdeal.aspx 的实现效果

4.5.8 统计管理的实现

统计管理模块主要是为管理员提供一些统计数据。在本章中，这些数据主要包括某一时间段的营业额，还包括该时间段内最受欢迎的菜品以及消费最多的用户，这里的时间段暂且设置为每天和每月，如果有读者需要其他的时间段，或者需要其他的统计数据，可自行进行设计。

在项目中添加一个 Web 窗体，命名为 statistics.aspx，并在窗体上放置相关控件，生成统计页面。该页面中涉及的主要控件及属性如表 4-21 所示。

表 4-21　statistics.aspx 页面中的主要控件及属性

序号	控　件	属　　性	值
1	TextBox	ID	tx_year
		Text	空
2	TextBox	ID	tx_month
		Text	空
3	TextBox	ID	tx_day
		Text	空
4	Button	ID	day_report
		Text	日报
5	Button	ID	month_report
		Text	月报
6	Button	ID	but_analysis
		Text	开始
7	Label（共 10 个）	ID	lb_menu1~lb_menu5，（5 个） lb_customer1~lb_customer5（5 个）

从相关表或视图中按时间段提取符合要求的记录，统计每笔订单的金额总和，就可得到该时间段的营业额。

同样地按时间段统计各类菜品被点的总次数，然后按照次数从大到小排列，取前五位即可得到最受欢迎菜品。

按时间段对用户的消费总额从高到低排列，取前五位即是最有价值客户。

选择好时间段"日报"或"月报"后，单击"开始"按钮，即开始计算分析，完成后在页面相应部分显示结果，其核心代码如下：

```
Label[]  lb_menu=new  Label[]  {lb_menu1,lb_menu2,lb_menu3,  lb_menu4,
lb_menu5 };
Label[]  lb_custom=new  Label[]{lb_customer1,lb_customer2,lb_customer3,
lb_customer4, lb_customer5 };
Int64 turnover = 0;
DBMgr db = new DBMgr();
SqlConnection conn = db.CreateConnection();
string sql_turnover = string.Empty;
string sql_topgoods = string.Empty;
string sql_topuser = string.Empty;
```

```
if (Convert.ToInt16(tx_day.Text) < 10) tx_day.Text = "0" + Convert.
ToInt16(tx_day.Text).ToString();
if (Convert.ToInt16(tx_month.Text) < 10) tx_month.Text = "0" + Convert.
ToInt16(tx_month.Text).ToString();
string sql_m = " convert(varchar(4),orderDate,120)='" + tx_year.Text + "'
and right(convert(varchar(7),orderDate,120),2)='" + tx_month.Text + "'";
string sql_d = " convert(varchar(4),orderDate,120)='" + tx_year.Text + "'
and right(convert(varchar(7),orderDate,120),2)='" + tx_month.Text + "' and
right(convert(varchar(10),orderDate,120),2)='" + tx_day.Text + "'";
if (day_report.Enabled) //说明此时为月报状态
{
    sql_turnover = "select total,orderDate from 送餐 where" + sql_m;
    sql_topgoods = "SELECT COUNT(goodsID) AS goods_count, goodsID, Name FROM
    (SELECT orderDate,orderStatus,totalprice,goodsID,Name FROM 送餐详单
    WHERE orderStatus<>4 and " + sql_m + ") AS t1 GROUP BY goodsID,Name ORDER
    BY goods_count DESC";
    sql_topuser = "select username, sum(total) as total_custom from 送餐
    where orderStatus<>4 and " + sql_m + " group by username order by total_
    custom Desc";
}
else
{
    sql_turnover = "select total,orderDate from 送餐 where" + sql_d;
    sql_topgoods = "SELECT COUNT(goodsID) AS goods_count, goodsID, Name FROM
    (SELECT orderDate,orderStatus,totalprice,goodsID,Name FROM 送餐详单
    WHERE orderStatus<>4 and " + sql_d + ") AS t1 GROUP BY goodsID,Name ORDER
    BY goods_count DESC";
    sql_topuser = "select username, sum(total) as total_custom from 送餐
    where orderStatus<>4 and " + sql_d + " group by username order by total_
    custom Desc";
}
DataTable dtt = db.GetDataBySql(conn, sql_turnover);
for (int i = 0; i < dtt.Rows.Count; i++)
{
    turnover = turnover + Convert.ToInt64(dtt.Rows[i]["total"]);
}
lb_turnover.Text = turnover.ToString();
dtt = db.GetDataBySql(conn, sql_topgoods);
int rcount = dtt.Rows.Count;
if (rcount > 5) rcount = 5;
for (int i = 0; i < rcount; i++)
{
    lb_menu[i].Text = "No." + (i + 1).ToString() + "  " + dtt.Rows[i]["Name"].
    ToString() + "(" + dtt.Rows[i]["goods_count"].ToString() + "次)";
}
```

```
dtt = db.GetDataBySql(conn, sql_topuser);
rcount = dtt.Rows.Count;
if (rcount > 5) rcount = 5;
for (int i = 0; i < rcount; i++)
{
    lb_custom[i].Text = "No." + (i + 1).ToString() + "  " + dtt.Rows[i]
    ["username"].ToString() + "(¥" + dtt.Rows[i]["total_custom"].ToString() + ")";
}
```

统计管理页面 statistics.aspx 的实现如图 4-32 所示。

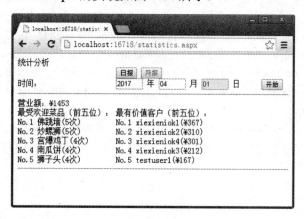

图 4-32   统计管理页面 statistics.aspx 的实现

4.5.9   系统的后续工作

读者可以看到，订餐系统基本功能已经实现，但是离一个完善的系统距离还很远，其中有两个最主要的事情要处理：一是进一步完善系统的功能，使系统更符合用户的需求；二是系统的界面美化要进行处理。

对于系统功能，读者可根据自己的认识，参考目前主流的网购系统去补充完善。至于系统界面的美化，读者可参考本书附录 B "HTML 与 CSS 基础"部分，充分发挥自己丰富的想象力进行设计。

编 程 练 习

1．本章涉及的网上订餐系统中，每一订单中同一菜品只能订购 1 份，请修改相关程序，使每一订单中所订菜品数量可以由用户自由选择。

2．本系统中，用户的送餐地址只能有一个，请修改程序，使用户可以添加多个送餐地址。

3．本系统中没有购物车功能，请参考京东或淘宝，给系统添加购物车功能。

第 5 章

HIS 系统的开发 ◂

随着网络技术的迅速发展，网络应用软件的开发日益普及。在众多的网络应用软件中，其中一类应用软件采用了最常用的客户端/服务器（Client/Server，C/S）的工作模式，在这个工作模式下，客户程序向服务器发出服务请求时，服务器程序做出应答，并为客户程序提供相应的服务，客户端和服务器端都需要单独开发各自的专门程序。

在 C/S 模式中，最常见的是浏览器/服务器（Browser/Server，B/S）模型，在该模型中，客户机上通过浏览器程序访问服务器，浏览器是客户端采用的统一程序，以此模式为基础的系统称为基于 Web 的系统，在 Internet 上，我们常用的百度、淘宝等应用程序采用的都是典型的 B/S 模型。

B/S 模型中，应用程序保存在 Web 应用服务器上，程序涉及的大量数据则保存在数据库服务器中，这样浏览器、应用程序服务器和数据库服务器构成了 Web 系统的三层结构。

本章的 HIS（Hospital Information System，医院信息系统）也是一个基于 Web 的医院信息管理系统，主要功能模块包括门诊管理、医生管理、住院管理、收费管理、开药管理、药品管理，在每个模块中可以对信息进行增加、修改、删除和查询操作。

虽然基于 Web 的应用系统应用领域涉及多个方面，但相关的技术和开发过程是相似的，这类系统中涉及的主要技术有 WebForm 应用程序的创建、网页之间数据的传递、数据库的设计和创建、数据库访问技术等，可以使用的开发工具有许多，本章使用的开发工具是 Visual Studio 2008 和 SQL Server 2005，程序设计语言是 C#。

通过本章 Web 系统的开发学习，使读者初步掌握基于 Web 的系统开发的基本过程，了解开发 Web 应用程序采用的技术，常见开发工具的使用。

5.1 数据库基础

数据库技术是计算机应用的一个重要方面。使用数据库技术的目的包括对信息进行有效的管理，以及对数据进行查询和处理。数据库技术中最基本的概念有数据库、数据库管理系统和应用程序。

5.1.1 基本概念

数据库（DataBase，DB）是指按某个特定的组织方式将数据以文件形式保存在存储介质上形成的文件，即数据库文件。

数据库管理系统（DataBase Management System，DBMS）是对数据库进行操纵和管理的大型软件。这类软件用统一的方式管理和维护数据库，接收并完成用户提出的访问数据的各种请求，同时还具有开发应用程序的功能。

应用程序是指系统开发人员使用数据库管理系统、数据库资源和某个开发工具如 Visual Studio 开发的、应用于某一个实际问题的应用软件。例如，库房物资的管理系统、财务管理系统、医院信息管理系统等，本章最终开发的 HIS 就是一个应用程序。

1. 关系模型

在数据库文件中，不仅包含数据本身，也包含数据之间的联系即组织方式，不同的组织方式构成特定的数据模型。数据模型通常有层次模型、网状模型和关系模型，常用的是关系模型。

关系模型中，可以表达实体之间的先后关系（线性关系）。如果将每个实体从上到下排列成行，由于每个实体包括若干个数据，这些数据又构成了若干个列，这样，每个实体的数据之间的联系可以用二维表格的形式来形象地表示。

图 5-1 所示的用户表就是一个关系模型。

用户表

用户名	密码	性别	地址	电话	
admin	admin	男	交大医学院	1300000000	字段
张三	123456	男	交大计教中心	1300001111	
李四	111111	女	交大医学院	1300002222	记录
王五	222222	女	交大电信学院	1300004444	

图 5-1　关系模型的组成

关系模型中常用到下面的一些术语。

（1）字段

二维表中，垂直方向上的每一列称为一个字段，每一个字段都有一个字段名。例如，用户表中有 5 个字段："用户名""密码""性别""地址"和"电话"。

（2）记录

二维表中从第二行起的每一行称为一条具体的记录，图中由 5 个字段 4 条记录组成。

（3）表结构

二维表中的第一行，是组成该表的各个字段的名称。在具体的数据库文件中，还应该详细地指出各个字段的类型、取值范围和宽度等，这些都称为字段的属性，一个表中所有字段的名称和属性的集合称为该表的结构。

这样，一个完整的二维表由表结构和记录两部分组成。在进行创建表和修改表的操作时，要先分清是对表结构进行的操作还是对记录进行的。

目前，计算机厂商推出的数据库管理系统几乎都是以关系模型为基础的，也称为关系型数据库管理系统。常用的关系型数据库管理系统软件有 Visual FoxPro、Access、SQL Server、Oracle、MySQL、DB2、 SYBASE、INFORMIX 等，本章使用的是 SQL Server。

2. 关系中的键

键（Key）也称为码（Code），在一个关系中，可以有几种不同的键。

在一个关系中可以用来唯一地标识每条记录的字段或字段的组合，称为候选键（Candidate Key），一个关系中，可以有多个候选键。

例如，在户籍信息表中，"身份证号"字段可以作为候选键；学生信息表中，"学号"字段可以作为候选键；在考生报名表中，"准考证号"和"身份证号"都可以作为候选键，该表中就有两个候选键。

如果一个关系中有多个候选键，可以从候选键中指定其中的一个作为主键（Primary Key）。设置主键后，表中的记录其主键的值既不能为空值，也不能有重复值，实现了关系的实体完整性约束规则。

5.1.2　在 SQL Server 中创建数据库和表

SQL Server 中的数据库是保存在盘上的文件，一个数据库中可以包含多个表。

1. 创建数据库

在 SQL Server 2005 中创建名为 hospital 的数据库，并在数据库中创建名为 userInfo 的表，操作过程如下。

（1）选择菜单"开始"→"所有程序"→Microsoft SQL Server 2005→SQL Server Management Studio Express，启动后的界面如图 5-2 所示。

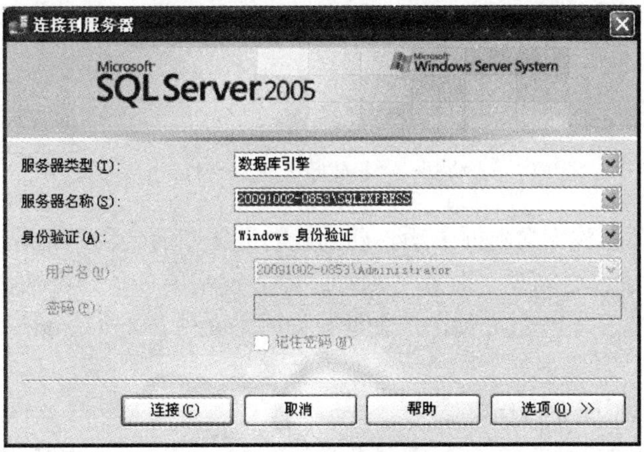

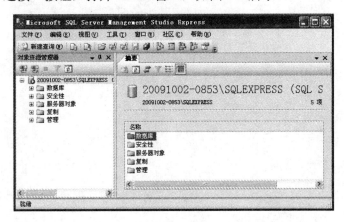

图 5-2　启动 SQL Server

（2）单击"连接"按钮，打开 SSMS 窗口，如图 5-3 所示。

图 5-3　SSMS 窗口

（3）在左侧的"对象资源管理器"窗格中，右击"数据库"，在快捷菜单中单击"新建数据库"命令，显示"新建数据库"窗口，如图 5-4 所示。

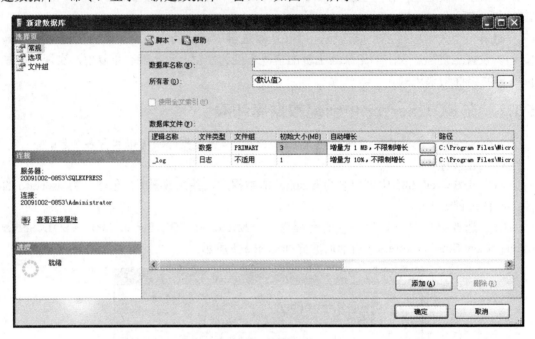

图 5-4 "新建数据库" 窗口

（4）在"数据库名称"文本框中输入要创建的数据库的名称"hospital"，然后单击"确定"按钮，创建完成。这时在"对象资源管理器"窗格中多了一个数据库"hospital"（见图 5-5）。同时在盘上多了两个文件，一个是数据库主文件 hospital.mdf，另一个是日志文件 hospital_log.ldf。

2. 在数据库中添加 userInfo 表

（1）在"对象资源管理器"窗格中展开数据库 hospital，右击其中的表对象，在快捷菜单中单击"新建表"命令，窗口中间显示设计表结构的窗格，如图 5-6 所示。

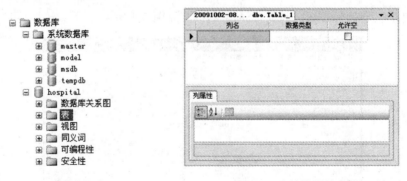

图 5-5 新建数据库　　　　　　　图 5-6 表结构设计窗格

（2）在窗格中输入 hospital 表各个字段的名称、类型、属性，该表结构的具体内容如表 5-1 所示（说明一列不需要输入）。

表 5-1　hospital 表各个字段的名称、类型、属性

列名（字段名）	数 据 类 型	允 许 空	说　　明
userId	int		主键
username	Nvarchar(50)	允许	
loginName	Nvarchar(50)	允许	
loginPwd	Nvarchar(20)	允许	
Sex	Nvarchar(2)	允许	
Address	Nvarchar(50)	允许	
Phone	Nvarchar(13)	允许	
SectionRoom	Nvarchar(10)	允许	科室

输入 userId 后，单击工具栏上的主键按钮 ![], 将该字段设置为主键，设计后的表结构如图 5-7 所示。

（3）表结构信息输入后，单击窗格右上角的"关闭"按钮，显示提示对话框，询问是否保存所做的更改，单击"是"按钮，显示"选择名称"对话框，如图 5-8 所示。

图 5-7　表结构信息　　　　　　　　图 5-8　"选择名称"对话框

（4）向对话框中输入表名称"userInfo"，然后单击"确定"按钮，关闭设计窗格。

（5）在"对象资源管理器"窗格中右击 userInfo 表，在快捷菜单中单击"打开表"命令，窗口中间显示编辑表记录的窗格。

（6）向窗格输入表的记录，输入后显示内容如图 5-9 所示，单击工具栏上的保存按钮。

userId	userName	loginName	loginPwd	Sex	Address	Phone	SectionRoom
1	admin	admin	admin	男	交大医学院	13000000000	外科
2	张三	张三	123456	男	交大计教中心	13000001111	外科
3	李四	李四	111111	女	交大医学院	13000002222	外科
4	王五	王五	222222	女	交大电信学院	13000004444	内科

图 5-9　userInfo 表的内容

3. 备份数据库

（1）在"对象资源管理器"窗格中右击 hospital 数据库，在快捷菜单中单击"任务"→"备份"命令，打开"备份数据库"窗口，如图 5-10 所示。

（2）选择数据库，在对话框中，从"数据库"下拉列表框中选择要备份的数据库，"备份类型"下拉列表框中选择"完整"。

（3）指定备份位置，单击"删除"按钮，删除已经存在的目录，然后单击"添加"按钮，打开"选择备份目标"对话框，在对话框中指定备份的位置，单击"确定"按钮返回

到"备份数据库"对话框,再次单击"确定"按钮对话框完成备份,备份文件扩展名为 bak。

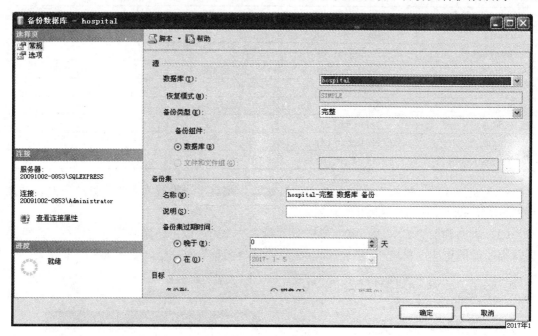

图 5-10 "备份数据库"窗口

4. 恢复数据库

（1）在"对象资源管理器"窗格中右击 hospital 数据库,在快捷菜单中选择"任务"→"还原"→"数据库",打开"还原数据库"窗口,如图 5-11 所示。

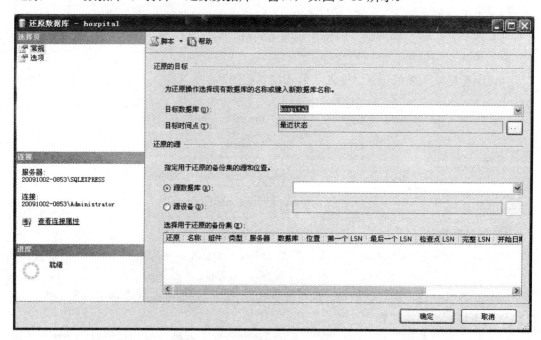

图 5-11 "还原数据库"窗口

（2）在图 5-11 中，选择“源设备”，单击右侧的“...”按钮，弹出“指定备份”界面。

（3）在“指定备份”界面中选择“备份”设置，单击“添加”按钮，在打开的界面中选择以前备份的数据库备份文件，然后连续单击“确定”按钮，依次关闭每个界面，完成数据库的还原。

5.1.3　SQL 命令的使用

SQL（Structured Query Language，结构化查询语言）是用于关系数据库的标准语言，该语言使用方便、功能丰富、语言简洁易学，因而很快得到推广和应用，目前大多数数据库产品都支持 SQL。

SQL 的主要功能包括数据定义、数据查询、数据操纵和数据控制 4 个方面，每个功能都由具体的命令实现。

对表中记录进行的基本操作有增加、删除、修改和查询，对应的命令分别是 insert、delete、update 和 select。

在 SQL Server 2005 中使用和练习 SQL 命令，单击工具栏中的“新建查询”按钮，在窗口中间显示查询窗格，可以在窗格上方输入 SQL 命令，单击执行按钮后，在窗格的下方显示命令的执行结果。

1. 查询记录

查询是 SQL 中非常重要的操作，它能够完成多种查询任务，如查询满足条件的记录、查询时进行统计计算、同时对多表查询、对记录排序等。当结合函数进行查询时，可完成更多的诸如计算的功能。

SQL 的所有查询都是利用 SELECT 命令实现的，该命令的完整格式比较复杂，其中最为常用的是下面的简化格式：

```
select…from …where
```

其中：select 之后指出要输出的字段，from 之后指出查询的数据源，where 之后则指出查询的条件。

操作 1：显示 userInfo 表中所有记录的每个字段的值。

在查询窗格上方输入如下的命令：

```
select * from userInfo
```

单击执行按钮后，在窗格的下方显示命令的执行结果，如图 5-12 所示。

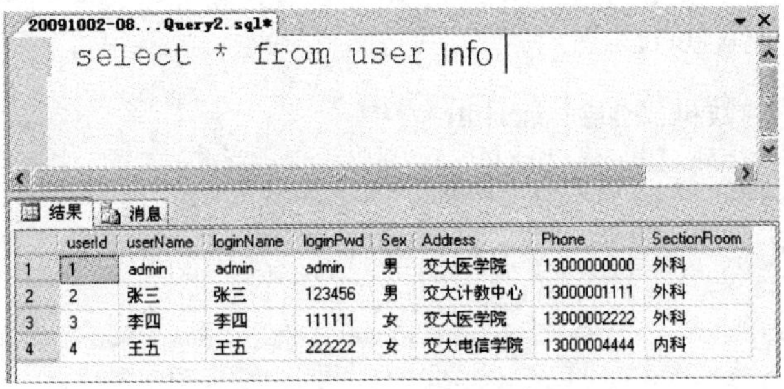
20091002-08...Query2.sql*
select * from user Info
结果
消息
userId userName loginName loginPwd Sex Address Phone SectionRoom
1 1 admin admin admin 男 交大医学院 13000000000 外科
2 2 张三 张三 123456 男 交大计教中心 13000001111 外科
3 3 李四 李四 111111 女 交大医学院 13000002222 外科
4 4 王五 王五 222222 女 交大电信学院 13000004444 内科

图 5-12　查询命令的执行结果

在指定查询的输出字段时，如果要显示表中所有的字段，并且字段的顺序与表中顺序一致时，可以用"*"代替所有的字段名，否则要指出具体的字段名。

操作 2：显示 userInfo 表中每条记录的 userName、Address 和 Phone 三个字段，命令如下：

```
select userName,Address,Phone from userInfo
```

操作 3：查询 userInfo 表中 userId 为 1 的记录。

```
select * from userInfo where userId=1
```

操作 4：查询 userInfo 表中 userName 为 admin 的记录。

```
select * from userInfo where userName='admin'
```

由于 userName 字段的类型为字符型，其字段的值 admin 在 SQL 命令中要放在一对引号中，SQL Server 要求使用一对单引号。

输入 SQL 命令时，要注意：

- 命令中的关键字不区分大小写；
- 命令中出现的字符型字段的值要放在一对单引号中；
- 命令中出现的数值型字段的值可以放在一对单引号中，也可以不用单引号；
- 命令中出现的逗号、引号、空格之类的符号一定要在英文状态下输入。

2. 添加记录

在 SQL 中，添加记录使用 INSERT 命令，添加的记录被加到表的末尾。其格式如下：

```
insert into <表名> [(<字段名1>[, <字段名2>[, …]])]
                        values (<表达式1>[, <表达式2>[, …]])
```

使用该命令时，命令中的字段名与 values 值的个数应相同，并且类型一一对应。如果 values 值的个数、顺序和类型与定义表结构时各个字段一致，则可以省略字段名。

操作 5：将以下的数据添加到 userInfo 表中。

```
5,'guest','guest','33333','男','交大理学院','13000005555','皮肤科'
```

该记录的数据完整，且顺序与表中字段顺序一致，可以省略字段名，使用的 SQL 命令如下：

```
insert into userInfo values(5,'guest','guest','33333','男','交大理学院',
'13000005555','皮肤科')
```

操作 6：将以下的数据添加到 userInfo 表中。

```
6,'guest1','guest1','999999','男','交大理学院'
```

该记录的数据不全，必须在命令中指出字段名，使用的 SQL 命令如下：

```
insert into userInfo (userId,userName,loginName,loginPwd,sex,address)
values(6,'guest1','guest1','999999','男','交大理学院')
```

对表中记录进行增、删、改之后，可以使用 select 命令验证执行的效果。

3. 修改记录

修改已输入记录的字段的值，可以使用 update 命令，其格式如下：

```
update  <表名>  SET <字段名 1>=<表达式 1>,[<字段名 2>=<表达式 2>…]
 [where  <条件>]
```

该命令的功能是按给定的表达式的值，修改满足条件的记录的各字段值，其中 where <条件>是表示满足条件的记录。命令中如果没有使用 where 指定条件时，表中所有的记录都被修改。

操作 7：修改 userInfo 表中 userId 字段值为 6 的记录，将其 address 字段的值改为'药学院'，命令如下：

```
update userInfo set address='药学院' where userId=6
```

4. 删除记录

删除记录使用 delete 命令，其格式如下：

```
delete  from  <表名> [where  <条件>]
```

该命令的功能是将满足条件的记录删除，省略 where 子句时，表中所有的记录都将被删除。

操作 8：将 userInfo 表中 userId 为 5 的记录删除，SQL 命令如下：

```
delete from userInfo where userId=5
```

操作 9：删除 userInfo 表中所有男性用户的记录，SQL 命令如下：

```
delete from userInfo where sex='男'
```

5.1.4　数据库的设计

在使用具体的 DBMS 创建数据库之前，应根据用户的需求对数据库应用系统进行分析和研究，然后再按照一定的原则设计数据库中的具体内容。

1. 数据库设计的一般方法

数据库的设计一般要经过分析建立数据库的目的、确定数据库中的表、确定表中的字段、确定主关键字以及确定表间的关系等过程，如图 5-13 所示。

图 5-13　数据库的设计步骤

（1）分析建立数据库的目的

在分析过程中，应与数据库的最终用户进行交流，了解用户的需求和现行工作的处理过程，共同讨论使用数据库应该解决的问题和完成的任务，同时尽量收集与当前处理有关的各种表格。

在需求分析中，要从以下三个方面进行。

- 信息需求：定义数据库应用系统应该提供的所有信息。
- 处理需求：表示对数据需要完成什么样的处理及处理的方式，也就是系统中数据处理的操作，应注意操作执行的场合、操作进行的频率和对数据的影响等。
- 安全性和完整性需求：例如实体完整性约束。

本章设计 hospital 数据库的目的是对医院信息的组织和管理，主要包括用户信息管理、药品信息管理、开药信息管理、缴费信息管理等。

（2）确定数据库中的表

一个数据库中要处理的数据很多，不可能将所有的数据放在一个表中，需要分析将收集到的信息使用几个表进行保存。

应保证每个表中只包含关于一个主题的信息，这样，每个主题的信息可以独立地维护。例如，分别将用户信息、药品信息、开药信息、缴费信息放在不同的表中，这样对某一类信息的修改不会影响到其他的信息。

通过将不同的信息分散在不同的表中，可以使数据的组织和维护变得简单，同时也可以保证在此基础上建立的应用程序具有较高的独立性。

根据上面的原则，确定在 hospital 数据库中创建以下若干张表，分别是 caseInfo（病历）表、DrugInfo（药品）表、houseRegist（病房）表、prescribe（处方）表、register（挂号）表等。

（3）确定表中的字段

确定每个表中包括的字段应遵循下面的原则：

- 保证一个表中的每个字段都是围绕着一个主题，例如 userId、userName、loginName、loginPwd 等字段都是与用户信息有关的字段。
- 避免在表和表之间出现重复的字段，在表中除了为建立表间关系而保留的，尽量避免在多个表之中同时存在重复的字段，这样做的目的一是为了减少数据的冗余，同时也是防止因插入、删除和更新数据时造成的数据不一致。
- 表中的字段所表示的数据应该是最原始和最基本的，不应包括可以推导或计算出的数据，也不应包括可以由基本数据组合得到的字段，例如看病总费用字段可以通过各项收费（挂号费、治疗费、检查费等）之和得到，这些数据不要设计在表中，可以使用查询的方法进行计算。

（4）确定主键

在一个表中确定主键，目的之一是保证实体的完整性，即主键的值不允许是空值或重复值，另一个目的是在不同的表之间建立联系。

例如在 userInfo 表中 userId 定义为主键，caseInfo 表中的主键是 caseId。

（5）确定表间的关系

表间的关系要根据具体的问题来确定，不能随意建立，例如 caseInfo（病历）表和 houseRegist（病房）表之间可以通过同名字段 registerNo（病历号）建立联系。

如果确认设计符合要求，就可以在 DBMS 中创建数据库和各张表了。

2. hospital 数据库中各个表的结构

（1）caseInfo（病历）表（表 5-2）

表 5-2　CaseInfo 表

字　段　名	数 据 类 型	说　　明
caseId	整数	主键
registerNo	整数	病历号
Mainsuit	字符	主诉
medicalHistory	字符	用药史
inspectItem	字符	检查
suggest	字符	建议

（2）DrugInfo（药品）表（表 5-3）

表 5-3　DrugInfo 表

字　段　名	数 据 类 型	说　　明
drugId	整数	主键
drugName	变长字符（100）	药品名称
drugType	变长字符（10）	药品类型
Spec	变长字符（50）	规格
price	货币	单价
manufacturer	变长字符（100）	制造商
manuDate	日期时间	生产日期
AddDate	日期时间	进库日期

（3）houseRegist（病房）表（表 5-4）

表 5-4　houseRegist 表

字　段　名	数 据 类 型	说　　明
registId	整数	主键
registerNo	整数	病历号
sickroomId	整数	病房 Id
bedNo	变长字符（10）	病床号
expenses	货币	费用
status	比特	状态

（4）prescribe（处方）表（表 5-5）

表 5-5　prescribe 表

字　段　名	数 据 类 型	说　　明
prescribeId	整数	处方 Id,主键
drugId	整数	药品 Id
registerNo	整数	病历号
number	整数	数量
doctor	变长字符（50）	开药医生
prescribeDate	日期	开药日期
takeState	比特	取药状态
payStatus	比特	付费状态

（5）register（挂号）表（表5-6）

表5-6　register 表

字 段 名	数 据 类 型	说　明
registerNo	整数	病历号 Id,主键
Name	变长字符（50）	姓名
sectionRoom	变长字符（15）	诊室
cardNo	变长字符（50）	卡号
Address	变长字符（25）	地址
Phone	变长字符（13）	电话
age	int	年龄
sex	字符（2）	性别
isMarrage	比特	婚否
isVisit	比特	是否初诊
registerDate	日期时间	挂号日期
treatmentDate	日期时间	治疗日期

（6）sectionRoom（诊室）（表5-7）

表5-7　sectionRoom 表

字 段 名	数 据 类 型	说　明
SectionRoomId	整数	诊室 Id,主键
SectionRoom	变长字符（20）	诊室

（7）sickroomId（病房）（表5-8）

表5-8　sickroomId 表

字 段 名	数 据 类 型	说　明
SickRoomId	整数	病房 Id,主键
sickRoomNo	变长字符（20）	病房编号
Type	变长字符（20）	病房类型
Bednum	整数	床位数
Price	货币	收费

创建了以上各张表后，可以向表中输入若干条具体的记录。

5.2　创建简单的 Web 应用程序

本章使用的开发工具是 Visual Studio 2008（以下简称 VS2008）。使用 VS2008 可以开发多种应用程序，常用的有控制台应用程序、窗体应用程序和 ASP.NET Web 应用程序等，本章创建的是 ASP.NET Web 应用程序，使用的语言是 C#。

本节通过几个实例说明 VS2008 创建程序的过程、常用控件的使用等，每个例题由功能要求、操作过程和编程归纳三部分组成，个别题目还有编程分析，其中编程归纳对本题目中涉及的语法问题和关键点进行归纳。

5.2.1　Web 应用程序的创建过程

例 5-1　创建 Web 应用程序。

1. 功能要求

在浏览器中显示信息"欢迎使用医院信息管理系统"。

2. 操作过程

（1）在 E 盘下创建文件夹"his 系统的开发\C#例题"，保存后面创建的例题。

（2）选择菜单"开始"→"所有程序"→Microsoft Visual Studio 2008→Microsoft Visual Studio 2008，启动后的窗口如图 5-14 所示。

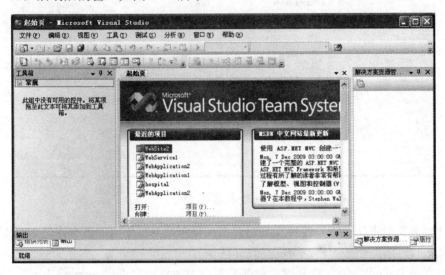

图 5-14　VS2008 启动窗口

（3）在 VS2008 窗口中，执行"文件"→"新建"→"网站"命令，显示"新建网站"对话框，如图 5-15 所示。

图 5-15　"新建网站"对话框

（4）在对话框中，选择"ASP.NET 网站"，"语言"选择 Visual C#，在位置文本框中输入"E:\his 系统的开发\C#例题\example1"，其中的 example1 是项目名称，然后单击"确定"按钮。这时，显示程序设计界面，如图 5-16 所示。

同时，"E:\his 系统的开发\C#例题"文件夹中新增名为 example1 的文件夹，本程序中生成的所有文件都保存在该文件夹中。

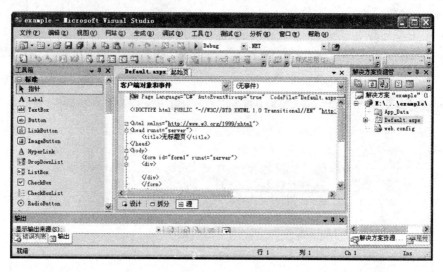

图 5-16　程序设计界面

设计界面窗口中，左侧是控件工具箱窗格，显示出可以使用的各个控件，右侧是"解决方案资源管理器"任务窗格，中间是设计区。

（5）双击 Default.aspx，打开设计视图，窗口中间显示 Default.aspx 选项卡。

该选项卡下方有三个视图按钮，"设计""拆分"和"源"。其中"设计"视图以可视化方式显示设计的网页即设计的效果，"源"视图显示该网页的 HTML 代码，"拆分"视图则将选项卡分为上下两部分分别显示 HTML 源代码和网页效果。

（6）在工具箱中选择 Label（标签）控件，将其拖动到 div 区域，然后在窗口右侧的"属性"窗格的 Text 属性中输入"欢迎使用医院信息管理系统"，在 Size 属性中选择××-Large，此时选项卡的内容如图 5-17 所示。

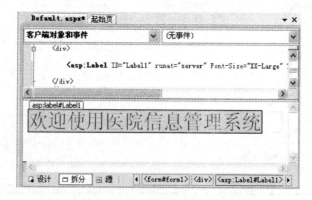

图 5-17　设计好的选项卡

（7）在"解决方案资源管理器"任务窗格中右击 Default.aspx，在快捷菜单中选择"设为起始页"。

（8）按组合键 Ctrl+F5，在浏览器中显示程序的运行结果，如图 5-18 所示。

图 5-18　程序运行结果

3. 编程归纳

（1）本程序完整说明了 Web 应用程序的设计和运行过程。

（2）使用 VS 开发的 ASP.NET 网站通常包含以下主要文件：

- 一个或多个扩展名为.aspx 网页文件；
- 一个或多个 web.config 配置文件；
- App_Code 代码共享目录：存放应用程序中所有网页都可以使用的共享文件；
- App_Data 目录：存放数据库文件。

（3）本程序中使用了一个控件 Label（标签）**A Label**，该控件的功能是为控件和窗体的其他组成部分提供标识。

5.2.2　创建欢迎页面

例 5-2　创建 Web 应用程序，程序界面如图 5-19 所示。

1. 功能要求

向文本框中输入用户名，单击"确定"按钮后，如果输入了用户名，则弹出消息框，显示"欢迎使用本系统"的信息，如果没有输入用户名，则消息框中显示"请先输入用户名"的信息。

图 5-19　程序界面

2. 操作过程

（1）启动 VS2008。

（2）执行"文件"→"新建"→"网站"命令，创建名为 example2 的项目。

（3）双击 Default.aspx 打开设计视图。

（4）向网页中依次添加 Label、TextBox 和 Button 三个控件，其名称分别是 Label1、TextBox1 和 Button1，然后将 Label1 的 Text 属性设置为"请输入用户名"，将 Button1 的 Text 属性设置为"确定"。

（5）输入事件代码，双击 Button1，窗口中出现 Default.aspx.cs 选项卡，向该选项卡中输入代码，输入后的选项卡如图 5-20 所示。

```
Default.aspx.cs*  Default.aspx  起始页

_Default                       Button1_Click(object sender, EventArgs

public partial class _Default : System.Web.UI.Page
{
    protected void Page_Load(object sender, EventArgs e)
    {

    }
    protected void Button1_Click(object sender, EventArgs e)
    {
        if (TextBox1.Text == "")
            Response.Write("<script>alert('请先输入用户名')</script>");
        else
            Response.Write("<script>alert('欢迎使用本系统')</script>");
    }
}
```

图 5-20　程序代码

（6）在"解决方案资源管理器"任务窗格中右击 Default.aspx，在快捷菜单中选择"设为起始页"。

（7）输入用户名和不输入用户名的两次运行结果如图 5-21 所示。

图 5-21　两次不同的运行结果

3. 编程归纳

（1）本题中用到了两个新的控件，文本框和命令按钮：

- TextBox（文本框）控件 `abl TextBox`：显示文本信息。与 Label 控件不同的是，文本框中的文本可以被编辑，标签中的文本不能被编辑。
- Button（按钮）控件 `ab Button`：用户可以单击按钮控件触发程序动作。

（2）和例 5-1 一样，本程序中的网页使用了默认的名称 default，系统创建了与本网页有关的两个文件，分别是 Default.aspx.cs 和 Default.aspx。Default.aspx 描述的是页面的内容，Default.aspx.cs 则是代码部分，这就是 ASP.NET 中页面文件与代码文件的分离。

由于例 5-1 中没有编写事件代码，所以只有一个页面文件 Default.aspx。

（3）通常程序执行时，单击窗口中的命令按钮可以完成某个动作，对按钮来说是发生了一次单击事件。不同的控件还有不同的其他事件，在编程时要为每个控件的事件编写不同的代码，本程序是在下面的一对花括号中输入事件代码，花括号之前的代码名称

Button1_Click 表示该段代码是控件 Button1 的 Click 事件的代码。

```
protected void Button1_Click(object sender, EventArgs e)
    {
}
```

（4）关于代码中下面语句的解释：

```
Response.Write("<script>alert('hello')</script>");
```

语句中的 Response.Write()称为一个方法，这是 ASP.NET 中的一个方法，它的作用是向客户端输出信息，输出的信息被放在括号里。

语句中的 alert()表示要在客户端弹出一个消息框，消息框中要显示的内容'hello'放在括号中。

5.2.3　创建收集信息的页面

标签、文本框和命令按钮是程序中最常用的三种控件，下面通过几个例题介绍其他控件的使用。

例 5-3　创建 Web 应用程序用于收集信息，其页面如图 5-22 所示。

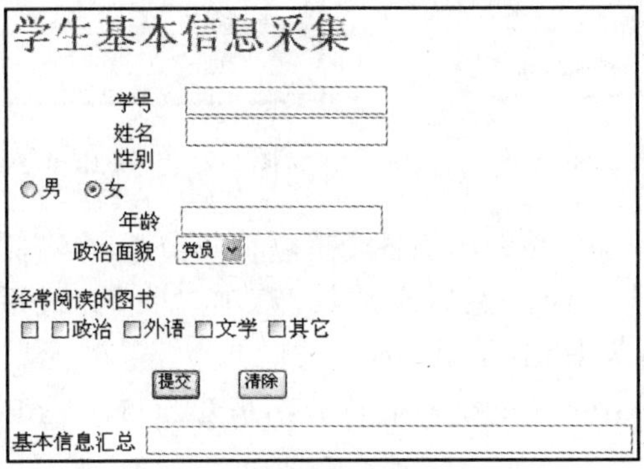

图 5-22　信息采集页面

1. 功能要求

向页面中输入各项的内容，输入后单击"提交"按钮，在下方的"基本信息汇总"文本框中显示输入的信息，单击"清除"按钮时，清除所有文本框中的内容并取消复选框中的已选各项。

2. 设计分析

本程序中输入学号、姓名、年龄使用的控件是文本框，输入性别使用的控件是 RadioButtonList（单选按钮列表），输入政治面貌使用的控件是 DropDownList（下拉列表框），输入经常阅读的图书使用的控件是 CheckBoxList（复选列表框），最后汇总信息显示在文本框控件中。

程序中还要为"提交"按钮和"清除"按钮编写单击事件代码。

3. 操作过程

（1）启动 VS2008，创建名为 example3 的项目。

（2）向 Default.aspx 网页中从上到下依次添加以下控件：

① 添加 Label 控件 Label1，其 Text 属性设置为"学生基本信息采集"，Size 属性设置为××-Large。

② 添加 Label 和 TextBox 控件，其名称分别是 Label2、TextBox1，Label2 的 Text 属性设置为"学号"。

③ 添加 Label 和 TextBox 控件，其名称分别是 Label3、TextBox2，Label2 的 Text 属性设置为"姓名"。

④ 添加 Label 和 RadioButtonList 控件，其名称分别是 Label4、RadioButtonList1，Label4 的 Text 属性设置为"性别"。在添加 RadioButtonList1 控件时，屏幕上会自动显示 RadioButtonList 任务，如图 5-23 所示。单击其中的"编辑项"，显示"ListItem 集合编辑器"对话框，如图 5-24 所示。

图 5-23　RadioButtonList 任务　　　　图 5-24　"ListItem 集合编辑器"对话框

在对话框中单击"添加"按钮添加各个选项（成员），在右侧的 Text 框中输入"男"，同时在 Selected 中选择 True，然后添加第 2 项"女"。最后将 RadioButtonList1 的 RepeatDirection 属性设置为 Horizontal（水平方向）。

⑤ 添加 Label 和 TextBox 控件，其名称分别是 Label5、TextBox3，Label5 的 Text 属性设置为"年龄"。

⑥ 添加 Label 和 DropDownList 控件，其名称分别是 Label6、DropDownList1，Label6 的 Text 属性设置为"政治面貌"。

在添加 DropDownList1 控件时，屏幕上会自动显示 DropDownList 任务。单击其中的"编辑项"，显示"ListItem 集合编辑器"对话框，在对话框中分别添加"党员""团员"和"其他"各个选项，其中"团员"选项的 Selected 选择 True。

⑦ 添加 Label 和 CheckBoxList 控件，其名称分别是 Label7、CheckBoxList1，Label7 的 Text 属性设置为"经常阅读的图书"，向 CheckBoxList1 添加 4 个选项，分别是"政治""外语""文学"和"其他"。

⑧ 添加 Button 控件 Button1 和 Button2，Button1 的 Text 属性设置为"提交"，Button2 的 Text 属性设置为"清除"。

⑨ 添加 Label 和 TextBox 控件，其名称分别是 Label8、TextBox4，Label8 的 Text 属性设置为"基本信息汇总"。

（3）输入"提交"按钮的事件代码，双击 Button1，窗口中出现 Default.aspx.cs 选项卡，向该选项卡中 Button1_Click()中输入如下的代码：

```
protected void Buttonl_Click(object sender, EventArgs e)
{
    string str = "";
    int n = 0;
    str += TextBox1.Text+" ";
    str += TextBox2.Text+" ";
    str += RadioButtonList1.SelectedItem.Text + " ";
    str += TextBox3.Text+" ";
    str += DropDownList1.SelectedValue + " ";
    for (int i = 0; i < CheckBoxList1.Items.Count; i++)
        if (CheckBoxList1.Items[i].Selected)
        {
            str += CheckBoxList1.Items[i].Text + ",";
            n++;
        }
    if (n == 0)
        str += "没有选择喜爱的图书";
    TextBox4.Text = str;
}
```

（4）输入"清除"按钮的事件代码，双击 Button2，向该选项卡中 Button2_Click()中输入如下的代码：

```
protected void Button2_Click(object sender, EventArgs e)
{
    TextBox1.Text = "";
    TextBox2.Text = "";
    TextBox3.Text = "";
    TextBox4.Text = "";
    for (int i = 0; i < CheckBoxList1.Items.Count; i++)
        CheckBoxList1.Items[i].Selected = false;
}
```

（5）将 Default.aspx 设置为"设为起始页"，该程序的两次运行结果如图 5-25 所示。

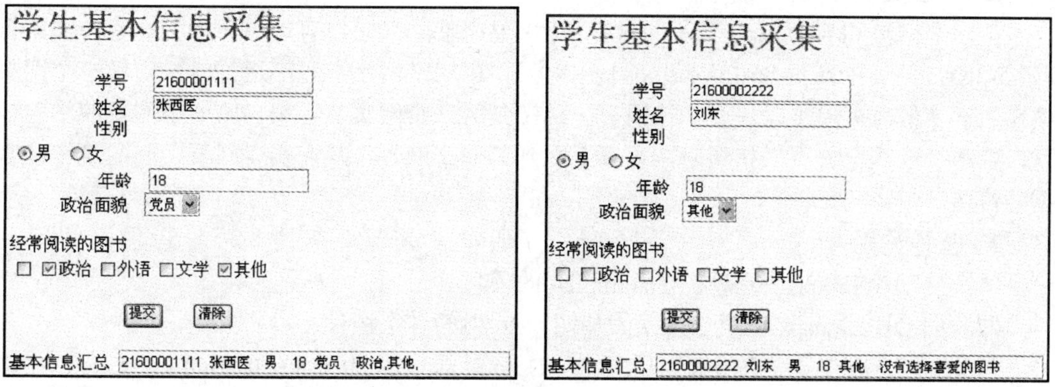

图 5-25 程序的两次运行结果

4. 编程归纳

（1）本题分别为两个按钮编写了事件代码 Button1_Click() 和 Button2_Click()。

（2）RadioButtonList（单选按钮列表）控件。如果在多个互斥的选项中必须选中一项并且也只能选中一项，可以使用一组 RadioButton 控件或使用一个 RadioButtonList 控件。本题使用的是后者，控件中的各个选项可以添加控件后在弹出的"ListItem 集合编辑器"中输入，被选中选项可以用控件名.SelectedItem.Text 格式来表示，例如本例中的 RadioButtonList1.SelectedItem.Text。

（3）DropDownList（下拉列表框）控件。该控件用来实现下拉式列表，可以从列表框中选择一项，控件中的各个选项也可以在"ListItem 集合编辑器"中输入，被选中选项同样可以使用控件名.SelectedItem.Value 格式来表示，例如本例中的 DropDownList1.SelectedValue。

（4）CheckBoxList（复选列表框）控件。该控件可以包含多个复选框，每一个复选框都可以分别进行选中或取消选中，各个选项同样可以在"ListItem 集合编辑器"中输入，每个选项在控件中的顺序通过下标（或称为索引）实现，下标从 0 开始。每一个选项的选中状态要分别进行判断，本例中使用了下面的循环语句来判断每个选项的选中状态：

```
for (int i = 0; i < CheckBoxList1.Items.Count; i++)
```

其中的 CheckBoxList1.Items.Count 表示控件中复选框的数目，每一项的选中状态通过属性的值为 true 或 false 来判断：

```
CheckBoxList1.Items[i].Selected
```

在 Button2_Click() 的代码中，通过下面的语句对每个选项进行取消选中的操作：

```
for (int i = 0; i < CheckBoxList1.Items.Count; i++)
CheckBoxList1.Items[i].Selected = false
```

5.2.4 网页之间的跳转和数据的传递

例 5-4 创建含有两个网页的网站。

1. 功能要求

第一个网页 default.aspx 显示的内容与例 5-3 相似，只是没有最后一行的标签和文本框（图 5-26），第二个网页 StuInfo.aspx 显示内容如图 5-27 所示。程序运行时，向第一个网页中输入学生信息，单击"提交"按钮后，跳转到第二个网页显示来自第一个网页的学生信息，单击"返回上一页"按钮时，可以返回到第一个网页，从而实现网页之间的跳转和数据的传递。

2. 操作过程

（1）启动 VS2008，创建名为 example4 的项目。

（2）向 Default.aspx 网页中依次添加图 5-26 中的各个控件。

（3）输入"提交"按钮的事件代码，向 Default.aspx.cs 选项卡中的 Button1_Click() 中输入如下的代码：

```
protected void Button1_Click(object sender, EventArgs e)
{
    int n = 0;
    string str;
    string id = TextBox1.Text;
    string name = TextBox2.Text;
    string xb = RadioButtonList1.SelectedItem.Text;
    string age = TextBox3.Text;
    string zzmm = DropDownList1.SelectedValue;
    string book="";
    for (int i = 0; i < CheckBoxList1.Items.Count; i++)
        if (CheckBoxList1.Items[i].Selected)
        {
            book+= CheckBoxList1.Items[i].Text + ",";
            n++;
        }
    if (n == 0)
        book= "没有选择喜爱的图书";
    str = "id=" + id + "&name=" + name + "&xb=" + xb + "&age=" + age + "&zzmm="
    + zzmm + "&book=" + book;
    Response.Redirect("StuInfo.aspx?"+str);
}
```

图 5-26　第一张网页　　　　　　图 5-27　第二张网页

（4）输入"清除"按钮的事件代码，向 Button2_Click()中输入如下的代码：

```
protected void Button2_Click(object sender, EventArgs e)
{
    TextBox1.Text = "";
    TextBox2.Text = "";
    TextBox3.Text = "";
    for (int i = 0; i < CheckBoxList1.Items.Count; i++)
        CheckBoxList1.Items[i].Selected = false;
}
```

（5）将 Default.aspx 设置为"设为起始页"。

（6）创建第二个网页，在"解决方案资源管理器"窗格中右击项目 example4，在弹出的快捷菜单中执行"添加新项…"命令，显示"添加新项"对话框，如图 5-28 所示。

图 5-28 "添加新项"对话框

（7）在对话框中，在已安装的模板中选择"Web 窗体"，在"名称"文本框中输入网页名称"StuInfo"，然后单击"确定"按钮。

（8）向 StuInfo.aspx 网页中依次添加图 5-27 中的各个控件。

（9）输入页面加载事件代码，向 StuInfo.aspx.cs 选项卡中的 Page_Load()中输入如下的代码：

```
protected void Page_Load(object sender, EventArgs e)
{
    TextBox1.Text = Request.QueryString["Id"];
    TextBox2.Text = Request.QueryString["name"];
    TextBox3.Text = Request.QueryString["xb"];
    TextBox4.Text = Request.QueryString["age"];
    TextBox5.Text = Request.QueryString["zzmm"];
    TextBox6.Text = Request.QueryString["book"];
}
```

（10）输入"返回上一页"按钮的事件代码，向 StuInfo.aspx.cs 选项卡中的 Button1_Click()中输入如下的代码：

```
protected void Button1_Click(object sender, EventArgs e)
{
    Response.Redirect("default.aspx");
}
```

（11）运行程序，在 default.aspx 中输入学生的信息，单击"提交"按钮后，该信息被传递到 stuinfo.aspx 中并且在窗口中显示出来，如图 5-29 所示，实现了数据从一个网页传递到另一个网页。

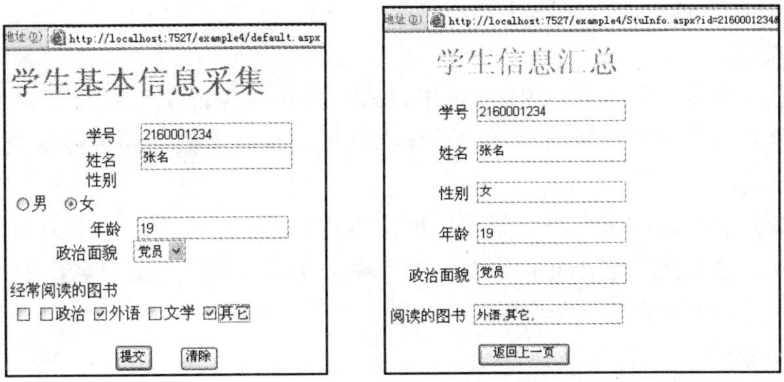

图 5-29　程序的运行结果

3. 编程归纳

（1）在 ASP.NET 中，可以通过方法 Response.Redirect()网页之间的跳转，使用时在括号中添加目标 URL 地址即可。

例如 StuInfo.aspx.cs 程序中的下列语句实现返回 default.aspx 网页：

```
Response.Redirect("default.aspx");
```

（2）在使用 Response.Redirect()方法跳转网页时，还可以向目标网页传递数据，方法是在参数中的 URL 后面加上查询字符串，查询字符串就是要传递的数据，它由多个属性构成，每个属性的格式如下：

属性名＝属性值

例如，属性 name 的值为"张三"，则该属性表示为：name="张三"

如果有多个属性，属性之间用"&"连接起来，例如本题中的查询字符串：

```
str = "id=" + id + "&name=" + name + "&xb=" + xb + "&age=" + age + "&zzmm="
+ zzmm + "&book=" + book;
    Response.Redirect("StuInfo.aspx?"+str);
```

再如下面的例子：

```
String URL="StuInfo.aspx?name=张三&id=2160001";
```

该查询字符串中有两个属性（变量）name 和 id，其属性值分别是"张三"和"2160001"。

（3）目标网页在接收数据时，可以通过 Request.QueryString[属性名]来获得属性的值，例如 Request.QueryString[name]的值为"张三"，Request.QueryString[id]的值为"2160001"。

5.2.5　使用表格进行页面布局

上述几个例题向页面中添加若干个控件，没有涉及这些控件在页面上的布局情况，也就是组成一个页面的若干个板块的显示位置和显示方式，对于页面结构不太复杂的情况，可以采用表格的方式布局页面。方法是将整个页面不同内容规划到一个或多个表格中。

在 VS2008 中，可以通过执行"表"→"插入表"命令在页面上添加表格，然后向表的各个单元格中添加不同的控件等内容。

例 5-5 设计登录页面，见图 5-30。

1. 功能要求

- 使用非空数据验证控件（RequiredFieldValidator）保证用户名和密码不为空，如果没有输入用户名或密码就单击"登录"按钮，在文本框右侧会显示提示信息。
- 使用表格进行页面布局。
- 根据输入的内容在消息框中显示不同的内容，假定正确的用户名为 student，密码为 123456，输入用户名不正确时显示"该用户名不正确"，用户名正确但密码不对时显示"密码不正确"，两者都正确时显示"欢迎使用"。

2. 设计分析

该页面中有 4 行内容，第 2 行和第 3 行各有 3 个部分，其中"登录"按钮和密码所在行之间有一空行。设计布局时，先插入一个 5 行 3 列的表格，然后将第 1 行和最后一行的3 个单元格分别合并为一个单元格，再向每个单元格输入内容，如图 5-31 所示。

图 5-30　登录界面

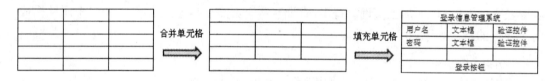

图 5-31　使用表格布局过程

3. 创建过程

（1）启动 VS2008，创建名为 example5 的项目。

（2）在 Default.aspx 网页中，执行"表"→"插入表"命令，显示"插入表格"对话框，如图 5-32 所示。

（3）在对话框的"行数"框中输入 5，"列数"框中输入 3，在"指定宽度"中选择"百分比"，然后输入"50"，表示表格占页面宽度的 50%，输入后单击"确定"按钮关闭对话框。

（4）选中第一行的三个单元格，右击，在弹出的快捷菜单中执行"修改"→"合并单元格"命令，将这一行的三个单元格合并为一个，然后向单元格中输入"登录信息管理系统"，加粗，执行"格式"→"两端对齐"→"居中"命令，将该文本设置为居中对齐。

（5）在第二行中，向第一个单元格输入"用户名"，第二个单元格插入文本框 TextBox1，第三个单元格插入非空数据验证控件 RequiredFieldValidator1。在属性窗格中，单击ControlToValidate 属性，在下拉列表框中选择 TextBox1 表示该控件对 TextBox1 的内容进行验证，将 ErrorMessage 设置为"用户名不能为空"。

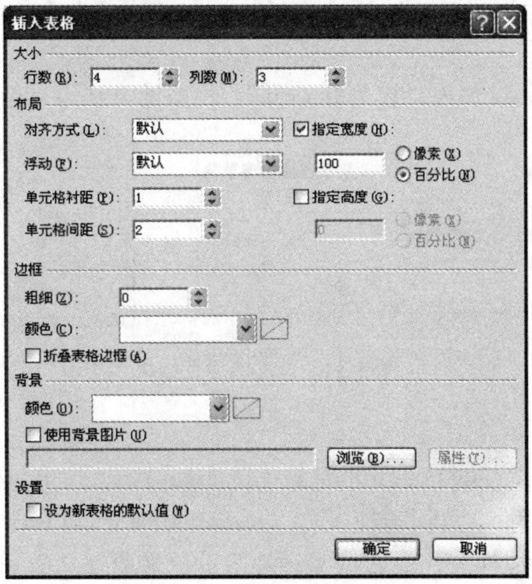

图 5-32　"插入表格"对话框

（6）在第三行中，向第一个单元格输入"密码"，第二个单元格插入文本框 TextBox2，将文本框的 TextMode 属性设置为 Password，向第三个单元格插入非空数据验证控件 RequiredFieldValidator2，并将其 ControlToValidate 属性设置为"TextBox2"，将 ErrorMessage 设置为"密码不能为空"。

（7）合并第五行中的三个单元格，然后插入命令按钮 Button1，并将其 Text 属性设置为"登录"，居中对齐，设计后的页面如图 5-33 所示。

图 5-33　设计好的页面

（8）输入"登录"按钮的事件代码，向 default.aspx.cs 选项卡中的 Button1_Click()中输入如下的代码：

```
protected void Button1_Click(object sender, EventArgs e)
{
    string username = TextBox1.Text;
    string pwd = TextBox2.Text;
    if (username!="student")
        Response.Write("<script>alert('用户名不正确')</script>");
    else
        if(pwd!="123456")
            Response.Write("<script>alert('密码不正确')</script>");
```

```
else
    Response.Write("<script>alert('欢迎使用')</script>");
}
```

（9）将 Default.aspx 设置为"设为起始页"，程序的某次运行结果如图 5-34 所示。

图 5-34　程序的运行结果

4. 编程归纳

（1）使用表格进行页面的布局并不是唯一的布局技术，还可以使用 CSS+DIV 的方法。

（2）程序中使用了非空数据验证控件（RequiredFieldValidator），除此之外，C#.NET 中还有其他验证类型的控件。例如数据类型和数据比较验证（CompareValidator）、数据范围验证（RangeValidator）等。验证控件验证的是文本框中的 Text 属性值和 ListBox、RadioButtonList 等 SelectedItem.Value 的值。

当网页有提交发生时，首先启动这些验证控件的验证功能，只有当页面上所有验证都通过时，网页才会被提交到服务器进行处理。

（3）文本框 TextBox2 是用来输入密码的，所以要将其 TextMode 属性设置为"Password"，这样在输入密码时不会显示密码的具体内容，而是用"●●●●●●"来代替。

（4）本程序中输入的用户名"student"和密码"123456"是固定不变的，如果要更改用户名和密码，就要修改源程序，而且只能处理一个用户。在学习 SQL Server 时本书曾将每个用户的信息保存在 hospital 数据库的 UserInfo 表中，所以应将程序修改为在 UserInfo 表中查找输入的用户名和密码是否存在，这就要用到数据库访问技术。

5.3　数据库访问技术

将数据库中的数据显示到网页上、将页面上的信息保存到数据库中、用网页上的数据更新数据库中的数据或通过网页删除数据库中表的记录，这就是对表中记录进行的查询、增加、修改和删除操作，这些操作都需要通过网页访问到数据库。首先是在网页中连接数据库，然后通过在网页代码中添加 SQL 命令完成。

5.3.1　C#中访问数据库的一般过程

对数据库进行访问时，首先要连接到数据库，然后将数据库中的数据保存到称为数据集（DataSet）的对象，最后在 DataSet 中对数据进行操作。访问过程中要用到 SqlConnection、SqlDataAdapter 和 DataSet 对象。

这三个对象的作用如下：

- SqlConnection：连接到数据库。

- DataSet：保存来自数据库的数据。
- SqlDataAdapter：称为数据适配器，是 SqlConnection 和 DataSet 之间的桥梁，作用是将数据填充到数据集 DataSet 中，也可以将数据集中的数据更新到数据库中。

要连接到数据库，可以使用代码的方法，也可以在 VS 中使用数据连接向导的方法。其中，使用程序代码连接数据库并将数据提取到数据集 DataSet 的过程如下：

（1）设置连接字符串，该字符串指定要连接数据库的服务器名、数据库名、用户名和口令。例如，下面的语句定义了一个连接字符串（两行合起来是一个完整的字符串）：

```
string strcon = "Data Source=A227\\SQLEXPRESS;Initial Catalog=hospital;
User ID=sa;Password=123456";
```

语句中：strcon 是连接字符串的名称，字符串中包含 4 个部分的内容，要连接的数据库所在的服务器名、数据库名、用户名和口令，各部分之间使用分号隔开。

其中的服务器名指出要连接的 SQL Server 实例名或网络地址，如果要连接到本地主机的服务器，可以用 localhost 或句点 "." 即可。

用户名和口令是数据库用户账号的用户名和口令。

（2）建立 SqlConnection 的连接对象，其格式如下：

```
SqlConnection 连接对象名 = new SqlConnection(连接字符串);
```

例如，下面的语句创建的连接对象为 con：

```
SqlConnection con = new SqlConnection(strcon);
```

（3）建立 SqlCommand 的命令对象，方法是调用连接对象的 CreateCommand()方法，格式是：

```
SqlCommand 命令对象名＝连接对象名.CreateCommand()
```

例如，下面的语句创建了名为 com 的命令对象：

```
SqlCommand com＝con.CreateCommand();
```

该操作也可以由下面两条语句完成：

```
SqlCommand com = new SqlCommand();
com.Connection = con;
```

（4）设置 SqlCommand 对象的 CommandText 属性（即命令文本）：
CommandText 属性就是相应的 SQL 语句，例如下面的语句指定 com 对象的 CommandText 属性，提取 userInfo 表中的所有记录：

```
com.CommandText = "select * from userInfo";
```

（5）创建 SqlDataAdapter 数据适配器对象，使用格式为：

```
SqlDataAdapter 适配器对象名 = new SqlDataAdapter(命令对象)
```

例如，下面的语句创建了名为 sda 的适配器对象：

```
SqlDataAdapter sda = new SqlDataAdapter(com);
```

（6）创建数据库 DataSet 对象，下面语句创建了名为 ds 的对象：

```
DataSet ds = new DataSet();
```

（7）打开 SqlConnection 连接，方法是：

```
连接对象名.open();
```

（8）对数据库的操作，可以是将数据填充到数据集，也可以是将数据集更新到数据库，前者使用适配器的 Fill()方法，后者使用 Update()方法，也可以添加和删除记录。

例如，下面的语句将查询的记录内容填充到数据集 ds 中：

```
sda.Fill(ds);
```

（9）关闭对数据库的连接，方法是：

```
连接对象名.close();
```

为了使用与 SqlServer 数据库操作有关的类例如 SqlConnection，SqlCommand，SqlDateAdapter，要在程序开始加上下面的语句：

```
using System.Data.SqlClient;
```

将以上各部分的语句按顺序排列起来，就是访问 SQL 数据库的基本程序段。虽然步骤比较多，但操作过程基本固定。通过一个完整例题的学习，在访问其他数据库时，只需要修改连接字符（修改要访问的数据库的信息，第（4）步）和 SQL 的查询命令（第（6）步）即可。

以上的操作过程称为 ADO.NET 数据库访问技术。访问成功后，可以使用 Repeater 控件、GridView 控件、FormView 控件、DataGrid 控件等将 DataSet 中的数据展示在网页上。

5.3.2　使用 Repeater 控件显示记录

例 5-6　设计页面，程序运行后，使用 Repeater 控件显示数据集的记录。

1. 功能要求

将 hospital 数据库中 UserInfo 表的所有记录显示在页面上。

2. 操作过程

（1）启动 VS2008，创建名为 example6 的项目。

（2）将已创建好的数据库文件 hospital.mdf 和对应的日志文件 hospital_log.ldf 复制到 example6\App_Data 文件夹中。

（3）向 default.aspx 页面中添加控件 Repeater1，该控件在工具箱"数据"分类中。

（4）在源视图下，向 default.aspx 页面中<div>和</div>之间添加如下的代码：

```
<table style="width:60%;" border="1" bgcolor="#00FF00">
    <tr>
    <td>用户 ID</td>
```

```
        <td>用户名</td>
        <td>性别</td>
        <td>地址</td>
        <td>电话</td>
        <td>科室</td>
    </tr>
    <asp:Repeater ID="Repeater1" runat="server">
    <ItemTemplate>
    <tr>
        <td><%#Eval("userId") %> </td>
        <td><%#Eval("userName") %></td>
        <td><%#Eval("Sex") %></td>
        <td><%#Eval("Address") %></td>
        <td><%#Eval("Phnoe") %></td>
        <td><%#Eval("SectionRoom") %></td>
    </tr>
    </ItemTemplate>
    </asp:Repeater>
   </table>
```

切换到设计视图，repeater 控件显示成如图 5-35 所示形式。

用户ID	用户名	性别	地址	电话	科室
数据绑定	数据绑定	数据绑定	数据绑定	数据绑定	数据绑定
数据绑定	数据绑定	数据绑定	数据绑定	数据绑定	数据绑定
数据绑定	数据绑定	数据绑定	数据绑定	数据绑定	数据绑定
数据绑定	数据绑定	数据绑定	数据绑定	数据绑定	数据绑定
数据绑定	数据绑定	数据绑定	数据绑定	数据绑定	数据绑定

图 5-35　设置 ItemTemplate 模板后的 Repeater

（5）在设计视图下，双击 default.aspx 页面，在程序上方添加如下的语句：

```
using System.Data.SqlClient;
```

然后向 Page_Load()过程中输入如下的代码：

```
using System.Data.SqlClient;
public partial class_Default : System.Web.UI.Page
{
    protected void Page_Load(object sender, EventArgs e)
    {
        string strcon = "Data Source=.\\SQLEXPRESS;AttachDbFilename=";
        strcon +="E:\\his 系统的开发\\C#例题\\example6\\App_Data\\hospital.
         mdf: ";
        strcon +="Integrated Security=True;Connect Timeout=30;User Instance=
        True";
        string sql = "select * from userInfo";
```

```
SqlConnection con = new SqlConnection(strcon);
if (con.State != ConnectionState.Open)
{
    con.Open();
}
SqlCommand com = new SqlCommand();
com.Connection = con;
com.CommandType = CommandType.Text;
com.CommandText = sql;
DataSet ds = new DataSet();
SqlDataAdapter sda = new SqlDataAdapter(com);
sda.Fill(ds);
con.Close();
Repeater1.DataSource = ds;        //指定数据源
Repeater1.DataBind();              //绑定数据源
}
```

（6）该网页的运行结果如图 5-36 所示，不断地改变浏览器窗口的大小，该表格的宽度始终是窗口的 60%。

用户ID	用户名	性别	地址	电话	科室
1	admin	男	交大医学院	13000000000	外科
2	张三	男	交大计教中心	13000001111	外科
3	李四	女	交大医学院	13000002222	外科
4	王五	女	交大电信学院	13000004444	内科
6	guest	男	药学院		

图 5-36　运行结果

3. 编程归纳

（1）在编写访问 SQL 数据库的程序时，在程序开始写上如下的语句：

```
using System.Data.SqlClient;
```

（2）在 Default.aspx 中编写代码。使用 Repeater 控件时，其所有代码必须在 Web 页面的源视图中手工添加，这要使用到 HTML 标记语言。

本题中使用表格的形式显示数据源中的数据，添加的第一行是表格标记命令：

```
<table style="width:60%;" border="1" bgcolor="#00FF00">
```

其中的"width:60%"表示表格占窗口宽度的 60%，border="1"是表格的框线宽度，bgcolor="#00FF00"是表格单元格内的填充颜色，#00FF00 表示按 RGB（红绿蓝）模式并用 6 位十六进制设计，红、绿、蓝各用两位。本表格的线条颜色为蓝色。

接下来的一对<tr>和</tr>为表格设置显示各个字段名称，例如<td>用户名</td>等。从表格的第 2 行开始用来显示各条记录，每行显示一条，对于每一行中各个单元格的内容设置，这里使用了 Repeater 控件中的 ItemTemplate 即条目模板。在该模板中，可以定义各个单元格中与字段有关的数据，使用数据绑定表达式完成，每个表达式必须放在"<%#"和

"%>"之间，例如第 1 个单元格显示 userId 的值，该单元格设置如下：

```
<td><%#Eval("userId") %> </td>
```

其中的 Eval("userId")用来计算绑定的表达式，并将结果格式化为字符串，其他各单元格以此类推。

（3）本例题中的 Default.aspx.cs 的代码不是 Button 的 Click 事件代码，而是 Page_Load 即页面加载事件的代码。

（4）关于数据库连接串的设计，由于该字符串比较长，直接书写不太方便，可以通过数据源配置向导进行查询，方法如下。

① 在 default.aspx 的设计视图中，单击 Repeater1 控件右上角的符号，然后单击右侧的下拉箭头，在弹出的列表框中选择新建数据源（图 5-37）打开"数据源配置向导"对话框（图 5-38）。

图 5-37　Repeater 任务

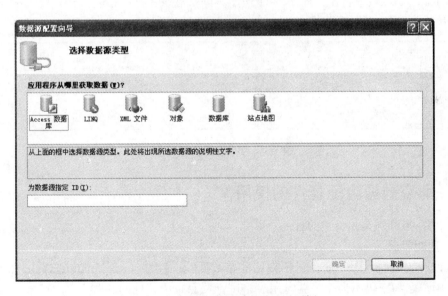

图 5-38　"数据源配置向导"对话框

② 在"应用程序从哪里获取数据"列表框中选择"数据库"，然后单击"确定"按钮，打开"配置数据源"对话框，在对话框中单击"新建连接"按钮，显示"添加连接"对话框，如图 5-39 所示。

③ 在"添加连接"对话框中，单击"浏览"按钮，打开"选择 SQL Server 数据库文件"对话框，如图 5-40 所示。在对话框中选择复制到 example6\App_Data 文件夹中的 hospital.mdf 文件，选择后单击"打开"按钮，返回到"添加连接"对话框。

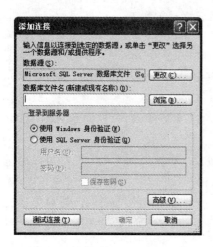

图 5-39 "添加连接"对话框   图 5-40 选择数据库文件

④ 单击"测试连接"按钮，如果弹出消息框显示"测试连接成功"表示连接正确，关闭消息框。

⑤ 在"添加连接"对话框中单击"确定"按钮，返回到"配置数据源"对话框，对话框下方显示了连接字符串，如图 5-41 所示。可以将该字符串粘贴到程序代码中，粘贴后将字符串中所有的"\"都改为"\\"。

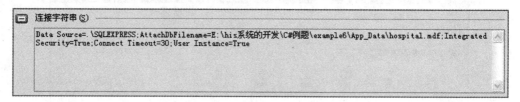

图 5-41 数据库连接字符串

5.3.3 非空数据验证控件的使用

例 5-7 重新编写例 5-5 的程序。

1. 功能要求

- 设计的页面界面不变，包括使用非空数据验证控件（RequiredFieldValidator）保证用户名和密码不为空，并且用表格进行页面布局。见图 5-30。
- 对于用户输入的用户名和密码在 hospital.mdf 数据库的 UserInfo 表中进行查询，输入的用户名不存在时显示"该用户名不存在"，用户名存在但密码不对时显示"密码不正确"，两者都正确时进入新页面，页面显示"×××你好，欢迎使用本系统"，其中的×××是用户名。

2. 创建过程

（1）创建名为 example7 的项目。

（2）将已创建好的数据库文件 hospital.mdf 和对应的日志文件 hospital_log.ldf 复制到 example7\App_Data 文件夹中。

（3）在 Default.aspx 网页中，插入 5 行 3 列的表格，表格占页面宽度的 50%。

（4）将表格第 1 行的 3 个单元格合并为一个，然后向单元格中输入"登录信息管理系统"，并设置加粗和居中对齐。

（5）在第 2 行中，向第 1 个单元格输入"用户名"，第 2 个单元格插入文本框 TextBox1，第 3 个单元格插入非空数据验证控件 RequiredFieldValidator1，将其 ControlToValidate 属性设置为 TextBox1，将 ErrorMessage 设置为"用户名不能为空"。

（6）在第 3 行中，向第 1 个单元格输入"密码"，第 2 个单元格插入文本框 TextBox2，将其 TextMode 属性设置为 Password，向第 3 个单元格插入非空数据验证控件 RequiredFieldValidator2，将其 ControlToValidate 属性设置为 TextBox2，将 ErrorMessage 设置为"密码不能为空"。

（7）合并第 5 行中的 3 个单元格，然后插入命令按钮 Button1，并将其 Text 属性设计为"登录"，居中对齐，设计后的页面如图 5-33 所示。

（8）输入"登录"按钮的事件代码，在 default.aspx.cs 选项卡中，在程序开始输入如下的语句：

```
using System.Data.SqlClient;
```

然后在 Button1_Click()中输入如下的代码：

```
protected void Button1_Click(object sender, EventArgs e)
    {
        string strcon = "Data Source=.\\SQLEXPRESS;AttachDbFilename=";
        strcon += "E:\\his 系统的开发\\C#例题\\example7\\ App_Data\\ hospital. mdf;";
        strcon+="Integrated Security=True;Connect Timeout=30;User Instance=
         True";
        string useName = TextBox1.Text;
        string userPwd = TextBox2.Text;
        string sql = "select * from userInfo where loginName='" + useName+"'" ;
        SqlConnection con = new SqlConnection(strcon);
        if (con.State != ConnectionState.Open)
        {
            con.Open();
        }
        SqlCommand com = new SqlCommand();
        DataSet ds = new DataSet();
        com.Connection = con;
        com.CommandType = CommandType.Text;
        com.CommandText = sql;
        SqlDataAdapter sda = new SqlDataAdapter(com);
        sda.Fill(ds);
        con.Close();
```

```
        if (ds.Tables[0].Rows.Count == 0)
        {
            Response.Write("<script>alert('该用户名不存在')</script>");
        }
        else
        {
            sql += " and loginPwd='" + userPwd + "'";
            SqlConnection con1 = new SqlConnection(strcon);
            if (con1.State != ConnectionState.Open)
            {
                con1.Open();
            }
            SqlCommand com1 = new SqlCommand();
            DataSet ds1 = new DataSet();
            com1.Connection = con;
            com1.CommandType = CommandType.Text;
            com1.CommandText = sql;
            SqlDataAdapter sda1 = new SqlDataAdapter(com1);
            sda1.Fill(ds1);
            con1.Close();
            if (ds1.Tables[0].Rows.Count == 0)
            {
                Response.Write("<script>alert('密码不正确')</script>");
            }
            else
            { Session["username"] = useName;
                Response.Redirect("WebForm1.aspx");
            }
        }
    }
}
```

（9）设计一个名为 webform1.aspx 的简易网页，向网页中添加一个 Label1 控件，然后向该网页的 Page_Load 过程中输入如下的代码：

```
public partial class webform1 : System.Web.UI.Page
{
    protected void Page_Load(object sender, EventArgs e)
    {
        Label1.Text Session["username"].ToString();
        Label1.Text += "你好，欢迎使用本系统";
    }
}
```

（10）将 Default.aspx 设置为"设为起始页"，用户名和密码都正确时程序的运行结果如图 5-42 所示。

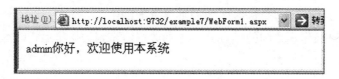

图 5-42 运行结果

3. 编程归纳

（1）网页之间数据的传递，除了使用例 5-4 构造查询字符串的方法，也可以使用本例中的 Session。Session 是 ASP.NET 中的一个对象，它可以存储特定的数据，当应用程序在页面之间跳转时，保存在 Session 中的变量其值保持不变，从而实现了在页面之间传递数据。

该对象的使用格式如下：

```
Session["变量名"] = 表达式;
```

例如本例在 default.aspx 中，下面的语句将 useName 的值保存到 Session 的变量 username 中：

```
Session["username"] = useName;
```

而在 webform1.aspx 页面中，下面的语句使用了来自 default.aspx 页面中的数据（用户名）：

```
Label1.Text = Session["username"].ToString();
```

其中的 ToString()是用来将 Session["username"]值的类型转换为 string 的方法。

（2）程序中下面的语句用来构成查询字符串：

```
string sql = "select * from userInfo where loginName='" + useName+"'" ;
```

如果用户输入的用户名是 admin 则构成的 SQL 语句为：

```
string sql = "select * from userInfo where loginName='admin'"
```

注意语句中单、双引号的使用。

（3）default.aspx 中分别验证用户输入的用户名和密码，对数据库进行了两次访问，这两次访问的代码除了查询字符串不同，其他代码都是相似的。对比例 5-6，除了 SQL 语句之外，前面若干行也都是相同的，这样的操作还会在不同的程序中重复多次。为简化程序，在开发系统时，可以将其编写成一个独立的方法（过程），将查询字符串作为方法的一个参数，这样可以反复地调用，这个独立过程的编写见例 5-8。

（4）数据集中的记录个数保存在 ds.Tables[0].Rows.Count 属性中，该值为零时表示数据集中没有记录，也就是没有查询到满足条件的记录。程序中使用下面的条件语句判断是否查询到记录：

```
if (ds.Tables[0].Rows.Count == 0)
    {
        Response.Write("<script>alert('该用户名不存在')</script>");
```

}

例 5-6 和例 5-7 都是对数据库中的表进行查询操作，下面通过几个例题介绍对记录的增加、删除和修改操作。共同的特点是将查询数据填充到数据集后，对数据集进行不同的操作，然后用数据集更新表中的数据。

5.3.4　向表中添加新的记录

例 5-8　向 userInfor 表中添加新的记录。

1. 功能要求

设计的页面如图 5-43 所示，其中的验证控件保证输入的用户名、密码不能为空，同时两次输入的密码要相同。单击"保存"按钮后，先检查输入的用户名在表中是否已经存在，如果存在，则显示"无法输入"的提示信息；不存在则将该用户信息输入到表中，输入后在另一个页面中显示表中的所有记录。

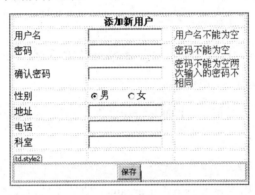

图 5-43　输入新记录页面

2. 操作过程

（1）创建名为 example8 的项目。

（2）将已创建好的数据库文件 hospital.mdf 和对应的日志文件 hospital_log.ldf 复制到 example8\App_Data 文件夹中。

（3）在 Default.aspx 网页中，插入 10 行 3 列的表格，表格占页面宽度的 50%。

（4）将表格第 1 行的 3 个单元格合并为一个，然后向单元格中输入"添加新用户"，并设置加粗和居中对齐。

（5）在第 2 行中，向第 1 个单元格输入"用户名"，第 2 个单元格插入文本框 TextBox1，第 3 个单元格插入非空数据验证控件 RequiredFieldValidator1，将其 ControlToValidate 属性设置为 TextBox1，将 ErrorMessage 设置为"用户名不能为空"。

（6）在第 3 行中，向第 1 个单元格输入"密码"，第 2 个单元格插入文本框 TextBox2，将其 TextMode 属性设置为 Password，向第 3 个单元格插入非空数据验证控件 RequiredFieldValidator2，将其 ControlToValidate 属性设置为 TextBox2，将 ErrorMessage 设置为"密码不能为空"。

（7）在第 4 行中，向第 1 个单元格输入"确认密码"，第 2 个单元格插入文本框 TextBox3，将其 TextMode 属性设置为 Password，向第 3 个单元格插入两个验证控件，一个是非空数据验证控件 RequiredFieldValidator3，将其 ControlToValidate 属性设置为 TextBox3，将 ErrorMessage 设置为"密码不能为空"。另一个是比较数据验证控件 CompareValidator1，将其 ControlToValidate 属性设置为 TextBox3，ControlToCompare 属性设置为 TextBox2，将 Operator 设置为 Equal，将 Type 设置为 String，将 ErrorMessage 设置为"两次输入的密码不相同"。

（8）在第 5 行中，向第 1 个单元格输入"性别"，第 2 个单元格插入两个单选按钮 RadioButton1 和 RadioButton2，其 Text 属性分别是"男"和"女"，RadioButton1 的 Checked 属性设置为 True，两个控件的 GroupName 属性都设置为"性别"。

（9）在第 6 行中，向第 1 个单元格输入"地址"，第 2 个单元格插入文本框 TextBox4。

（10）在第 7 行中，向第 1 个单元格输入"电话"，第 2 个单元格插入文本框 TextBox5。

（11）在第 8 行中，向第 1 个单元格输入"科室"，第 2 个单元格插入文本框 TextBox6。

（12）合并第 10 行中的 3 个单元格，然后插入命令按钮 Button1，并将其 Text 属性设置为"保存"，居中对齐。

（13）编写两个独立的过程 GetData()和 ExecuteNonQuery()。

首先在 default.aspx.cs 选项卡中，在程序开始添加如下的语句：

```
using System.Data.SqlClient;
```

为避免代码段的重复编写，本例中把对表的查询操作编写为一个独立的过程，过程名为 GetData()，参数为查询字符串，过程的返回结果为数据集。

```
public DataSet GetData(string sql)
{
    string strcon = "Data Source=.\\SQLEXPRESS;AttachDbFilename=";
    strcon += "E:\\his 系统的开发\\C#例题\\example8\\App_Data\\hospital. mdf;";
    strcon+="Integrated Security=True;Connect Timeout=30;User Instance= True";
    SqlConnection con = new SqlConnection(strcon);
    if (con.State != ConnectionState.Open)
    {
        con.Open();
    }
    SqlCommand com = new SqlCommand();
    com.Connection = con;
    com.CommandType = CommandType.Text;
    com.CommandText = sql;
    DataSet ds = new DataSet();
    SqlDataAdapter sda = new SqlDataAdapter(com);
    sda.Fill(ds);
    con.Close();
    return ds;
}
```

对记录进行增加、删除和修改的操作编写成另一个独立的过程 ExecuteNonQuery()，参数是 SQL 命令，返回结果是一个整数，表示命令影响到的记录条数，过程内容如下：

```
public int ExecuteNonQuery(string sql)
    {
        string strcon = "Data Source=.\\SQLEXPRESS;AttachDbFilename=";
        strcon += "E:\\his 系统的开发\\C#例题\\example8\\App_Data\\hospital.
         mdf;";
        strcon += "Integrated Security=True;Connect Timeout=30;User Instance=
        True";
        SqlConnection con = new SqlConnection(strcon);
        con.Open();
        SqlCommand com = new SqlCommand();
        com.Connection = con;
        com.CommandType = CommandType.Text;
        com.CommandText = sql;
        int count = com.ExecuteNonQuery();
        con.Close();
        return count;
    }
```

（14）输入"保存"按钮的事件代码。

在 Button1_Click()中输入如下的代码：

```
protected void Button1_Click(object sender, EventArgs e)
    {
        string userName = TextBox1.Text;
        string sql = "select * from userInfo where userName='" + userName + "'";
        DataSet ds = GetData(sql);
        if (ds.Tables[0].Rows.Count != 0)
        {
            Response.Write("<script>alert('该用户名已经存在')</script>");
        }
        else
        {
            sql = "select * from userInfo " ;
            ds = GetData(sql);
            int count = ds.Tables[0].Rows.Count;
            string Id = ds.Tables[0].Rows[count - 1]["userId"].ToString ();
            int userId = Convert.ToInt32 (Id);
            userId++;
            string pwd = TextBox2.Text;
            string sex = "";
            if (RadioButton1.Checked)
            {
                sex = "男";
```

```
            }
            else
            {
                sex = "女";
            }
            string address = TextBox4.Text;
            string tel = TextBox5.Text;
            string ks = TextBox6.Text;
            sql = "insert into userInfo(userId,userName,loginName,loginPwd,
             Sex,Address,Phone,SectionRoom)"
                    + "values("+ userId+",'" +userName +"','"  + userName + "',
                    '" + pwd + "','" + sex + "','" + address + "','" + tel + "','"
                    + ks + "')";
            count = ExecuteNonQuery(sql);
            if (count == 1)
            {
                Response.Redirect("userList.aspx");
            }
        }
    }
```

（15）添加新的页面 userList.aspx，该页面用来显示添加记录后表中的信息。在网页中添加文本"用户信息清单"，设置格式为加粗、大小为"xx-large"，然后向页面添加一个 repeater 控件。在源视图下，向 userList.aspx 页面中<div>和</div>之间添加如下的代码：

```
<table style="width:60%;" border="1" >
 <tr>
     <td>用户名</td> <td>性别</td> <td>地址</td>
     <td>电话</td>  <td>科室</td>
 </tr>
 <asp:Repeater ID="Repeater1" runat="server" >
 <ItemTemplate>
 <tr>
     <td><%#Eval("userName") %></td>
     <td><%#Eval("Sex")%></td>
     <td><%#Eval("Address")%></td>
     <td><%#Eval("Phone")%></td>
     <td><%#Eval("SectionRoom")%></td>
 </tr>
 </ItemTemplate>
 </asp:Repeater>
</table>
```

（16）将 default.aspx 设置为起始页，运行该页面。

3. 编程归纳

（1）将查询编写为一个独立的过程 GetData(string sql)，本程序中三次调用了该过程。

（2）CompareValidator 控件用于比较两个控件输入的内容是否满足程序的要求。通常是对两个文本框中输入的内容进行比较，比较时可以按字符串、整数、浮点数、日期等进行，这可以通过 Type 属性进行设置；比较的关系有相等、不等、大于、大于等于、小于、小于等于，这可以通过 Operator 属性进行设置。

（3）userId 的处理。userId 是 userInfo 表中的一个字段，该字段被设置为主键，所以在表中该字段的值既不允许为空值，也不允许出现重复。本程序中该字段的值不是用户输入而是通过程序自动添加，添加的方法是对表中已存在的该字段最大值加 1 后作为新记录的 userId。

（4）本程序三次调用过程 GetData(string sql)，第一次调用是查询新的用户名在表中是否已经存在，如果查询有结果，说明该用户名与已有的重名，需要重新输入，不重复时才将新记录添加到表中。

第二次调用是查询表中所有记录，因为表中记录是按主键的顺序排列的，所以数据集中最后一条记录中的 userId 值就是最大的，通过下列的语句获取了这个最大值：

```
string Id = ds.Tables[0].Rows[count - 1]["userId"].ToString ();
```

上一条语句中的表达式 ds.Tables[0].Rows.Count 表示表中记录的个数。

第三次调用是在插入新记录后查询表中所有记录（包括新输入的记录），然后在 userList 页面中显示出来，三次调用只需要修改查询字符串即可。

5.3.5 删除表中记录

例 5-9 删除 userInfo 表中的记录。

1. 功能要求

页面中使用 repeater 控件显示表中的记录，每条记录前面加上一个复选框，如图 5-44 所示。单击"删除"按钮后，将选中的记录删除，删除完成后在第 2 个页面中显示表中其他的所有记录。

选择	用户名	性别	地址	电话	科室
☐	admin	男	交大医学院	13000000000	外科
☐	张三	男	交大计教中心	13000001111	外科
☐	李四	女	交大医学院	13000002222	外科
☐	王五	女	交大电信学院	13000004444	内科
☐	gxyhy11	男	0000	0111	1111
☐	hy11	男	0000	0111	1111
☐	yq11	男	22	222	2222

删除

图 5-44 页面设计

2. 操作过程

（1）创建名为 example9 的项目。

（2）将已创建好的数据库文件 hospital.mdf 和对应的日志文件 hospital_log.ldf 复制到 example9\App_Data 文件夹中。

（3）创建专门用于访问数据库的类，在"解决方案资源管理器"窗格中右击 example9，在弹出的快捷菜单中执行"添加新项"命令。打开"添加新项"对话框，在对话框中的"模板"列表框中选择"类","名称"框中输入"DBHelper.cs",然后单击"添加"按钮,弹出如图 5-45 所示的对话框,单击"是"按钮,这时新建的类 DBHelper.cs 被保存在项目的 App_Code 文件夹中。保存在该文件夹中的程序可以被本项目的其他程序使用。

图 5-45 提示对话框

（4）在 DBHelper.cs 的 public class DBHelper 大括号中输入两个过程的内容,就是在例 5-8 中创建的两个过程。

（5）在页面 default.aspx 中添加一个 repeater 控件,在源视图下,向页面中<div>和</div>之间添加如下的代码:

```
<table style="width:60%" border="1" >
   <tr>
   <td>选择</td>
       <td>用户名</td>
       <td>性别</td>
       <td>地址</td>
       <td>电话</td>
       <td>科室</td>
   </tr>
   <asp:Repeater ID="Repeater1" runat="server">
 <ItemTemplate>
   <tr>
   <td>
       <asp:CheckBox ID="CheckBox1"  runat="server" />
       <asp:HiddenField ID="HiddenField1" runat="server" Value='<%#Eval
       ("userId") %>'  />
         </td>
       <td> <%#Eval("userName") %></td>
       <td> <%#Eval("Sex")%></td>
       <td> <%#Eval("Address")%></td>
       <td> <%#Eval("Phone")%></td>
       <td> <%#Eval("SectionRoom")%></td>
   </tr>
   </ItemTemplate>
     </asp:Repeater>
   </table>
```

（6）在设计视图下,向页面添加一个 Button 控件 Button1,将其 Text 属性设置为"删除",此时页面布局如图 5-46 所示。

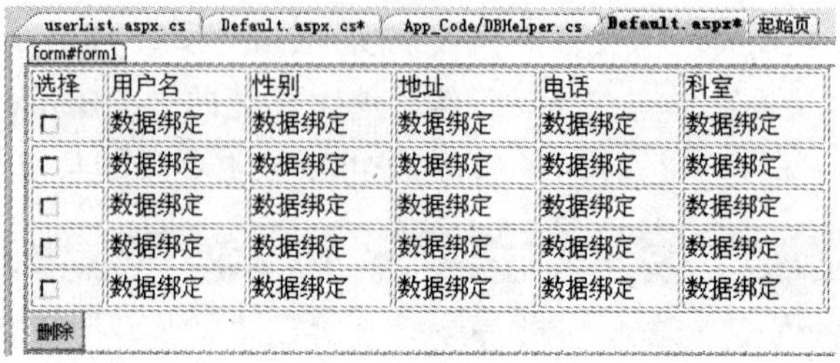

选择	用户名	性别	地址	电话	科室
☐	数据绑定	数据绑定	数据绑定	数据绑定	数据绑定
☐	数据绑定	数据绑定	数据绑定	数据绑定	数据绑定
☐	数据绑定	数据绑定	数据绑定	数据绑定	数据绑定
☐	数据绑定	数据绑定	数据绑定	数据绑定	数据绑定
☐	数据绑定	数据绑定	数据绑定	数据绑定	数据绑定

删除

图 5-46　页面布局

（7）在页面加载事件中，输入如下的代码：

```
protected void Page_Load(object sender, EventArgs e)
    {
        if (Page.IsPostBack)
            return;
        string sql = "select * from userInfo";
        DBHelper db = new DBHelper();      //实例化对象
        DataSet ds = db.GetData(sql);
        Repeater1.DataSource = ds;          //指定数据源
        Repeater1.DataBind();               //绑定数据源
    }
```

（8）向 Button1_Click()中输入如下的删除记录代码：

```
DBHelper db = new DBHelper();
    int count = 0;
    foreach (RepeaterItem item in Repeater1.Items)//循环遍历Repeater1中每一行数据
    {
        CheckBox cb = (CheckBox)item.FindControl("CheckBox1");
        if (cb.Checked)
        {
            HiddenField hf = item.FindControl("HiddenField1") as HiddenField;
            string id = hf.Value;
            string sql = "delete from userInfo where userId='" + id + "'";
            count += db.ExecuteNonQuery(sql);
        }
    }
    if (count >0)
    {
        Response.Redirect("userList.aspx");
    }
}
```

（9）添加 userList.aspx 页面，用来显示删除指定记录后表中其他所有的记录。由于例
5-8 中已经创建了该网页，现在只需要将上一题中的网页添加到本网站中即可。方法是在
"解决方案资源管理器"窗格中右击 example9，在弹出的快捷菜单中执行"添加现有项"

命令,然后在对话框中选择例 5-8 中创建的网页(userList.aspx 和 userList.aspx.cs 两个文件)。

最后将该页面的 Page_Load 代码改写为与本例 default.aspx 的 Page_Load 相同的代码即可。

(10)将 default.aspx 设置为起始页,运行该页面。

3. 编程归纳

(1)DBHelp.cs 类中包含两个过程。一个是 ExecuteNonQuery(string sql),该过程用于执行 SQL 的记录增加、删除和修改,其返回值是所影响的记录条数;另一个是 GetData,用于对数据库中表的访问,返回值是记录集,通常是将该记录集填充到数据集中。

(2)对 Repeater1 控件添加的代码中,下面的语句是向表格中添加了一个 HiddenField 控件即隐藏字段控件:

```
<asp:HiddenField ID="HiddenField1" runat="server" Value='<%#Eval("userId") %>' />
```

在 Web 中,隐藏控件常用于保存程序中要用到但不需要显示在页面上的数据,其 Value 属性保存被隐藏字段的值。userInfo 表中的 userId 字段是表中的主键,用来唯一地标识每条记录,通过该字段可以查询到要删除的记录。

本页面的隐藏字段名称是 HiddenField1,保存的是 userInfo 表中 userId 字段的值。

(3)Repeater1 控件添加的代码中,下面的语句是在每条记录的前面添加一个复选框,用来选中记录,最后将选中的每条记录删除:

```
<asp:CheckBox ID="CheckBox1"  runat="server" />
```

(4)在页面加载事件代码中,if 语句中的 IsPostBack 是 Page 页面中的一个属性,用来指明网页是否回传,其值为布尔型,用来判断该网页是第一次生成还是回传的。网页中有些程序段仅仅需要在网页第一次生成时才需要执行,写在 IsPostBack 为 False 的语句块中,本代码中后面的语句都是 IsPostBack 为 False 的情况。

(5)在页面加载事件代码中,以下代码使用了上面定义的 DBHelper.cs 类:

```
DBHelper db = new DBHelper();//实例化对象
      DataSet ds = db.GetData(sql);
```

这样,在加载该页面时,就可以将 userInfo 表中的所有记录显示在页面中。

(6)"删除"控件的代码中,下列语句用来循环遍历 Repeater1 中的每一行数据:

```
foreach (RepeaterItem item in Repeater1.Items)
```

对每一条记录,判断其复选框是否被选定,如果选中,则执行 SQL 命令,将该记录的隐藏字段的值 hf.Value 与表中 userId 字段一致的记录删除,变量 count 保存了被删除的记录个数。

循环(遍历)结束后,如果发生了删除记录的操作,则通过下列的语句启动页面 userList.aspx 显示表中目录所有的记录。

```
Response.Redirect("userList.aspx");
```

5.3.6　修改表中的记录

例 5-10　修改 userInfo 表中的记录。

1.　功能要求

程序中有三个页面。

（1）第一个页面中使用 repeater 控件显示表中记录，每条记录前面加上一个复选框，单击"修改"按钮后，跳转到第二个页面；

（2）在第二个页面显示指定记录的内容，然后修改字段的值，其中 userId 和用户名这两个字段不允许修改，单击"保存"按钮后将修改后的内容保存在表中；

（3）在第三个页面中显示修改完成后的记录。

2.　操作过程

本例题在前面几个例题已经创建的页面基础上完成。

（1）创建名为 example10 的项目。

（2）将已创建好的数据库文件 hospital.mdf 和对应的日志文件 hospital_log.ldf 复制到 example10\App_Data 文件夹中。

（3）将例 5-9 中创建的访问数据库的类 DBHelper.cs 添加到网站中，方法是在"解决方案资源管理器"窗格中右击 example10，在弹出的快捷菜单中执行"添加现有项"命令，在打开的对话框中选择 DBHelper.cs，然后将其复制到 App_Code 文件夹中，最后将程序中数据库所在位置改为本题的 example10\App_Data 文件夹。

（4）将例 5-9 的第一个页面添加到本网站中，在"解决方案资源管理器"窗格中右击 example10，在弹出的快捷菜单中执行"添加现有项"命令，然后在对话框中选择例 5-9 中创建的网页（Default.aspx 和 Default.aspx.cs 两个文件），在添加过程中会显示图 5-47 所示的对话框，单击"是"按钮即可，然后将 Default.aspx 中 Button1 的 Text 属性改为"修改"。

（5）添加第二个页面，名为 userEdit.aspx，设计页面布局如图 5-48 所示，将用户名对应的文本框 TextBox1 的 ReadOnly 属性设置为 True。

图 5-47　提示对话框

图 5-48　userEdit.aspx 页面布局

（6）输入 userEdit.aspx.cs 的页面加载事件代码：

```
protected void Page_Load(object sender, EventArgs e)
    {
        if (Page.IsPostBack)
            return;
        string userId = Session["Id"].ToString();
```

```
    string sql = "select * from userInfo where userId='" + userId + "'";
    DBHelper db = new DBHelper();
    DataSet ds = db.GetData(sql);
    TextBox1.Text = ds.Tables[0].Rows[0]["userName"].ToString ();
    TextBox2.Text = ds.Tables[0].Rows[0]["loginPwd"].ToString ();
    TextBox3.Text = ds.Tables[0].Rows[0]["loginPwd"].ToString ();
    if (ds.Tables[0].Rows[0]["Sex"].ToString () == "男")
    {
        RadioButton1.Checked = true;
    }
    else
    {
        RadioButton2.Checked = true;
    }
    TextBox4.Text = TextBox3.Text = ds.Tables[0].Rows[0]["Address"].
    ToString ();
    TextBox5.Text = TextBox3.Text = ds.Tables[0].Rows[0]["Phone"].
    ToString ();
    TextBox6.Text = TextBox3.Text = ds.Tables[0].Rows[0]["SectionRoom"].
    ToString ();
}
```

（7）输入 userEdit.aspx.cs 的命令按钮 Button1 单击事件代码：

```
protected void Button1_Click(object sender, EventArgs e)
{
    string userId = Session["Id"].ToString();
    string userName=TextBox1.Text;
    string Pwd = TextBox2.Text;
    string Sex = "";
    if (RadioButton1.Checked)
    {
        Sex = "男";
    }
    else
    {
        Sex = "女";
    }
    string Address = TextBox4.Text;
    string Phone = TextBox5.Text;
    string Room = TextBox6.Text;
    DBHelper db = new DBHelper();
    int update = db.ExecuteNonQuery(sql);
    Response.Redirect("userList.aspx");
}
```

（8）添加第三个页面 userList.aspx，用来显示修改指定记录之后表中所有的记录，该网页的内容与例 5-8 和例 5-9 中相同。

（9）将 default.aspx 设置为起始页，运行该页面。

运行后显示第一个页面如图 5-49 所示，选择某个用户对应的复选框，然后单击"删除"按钮，显示第二个页面，如图 5-50 所示。在这个页面中的各个文本框中直接修改信息，然后单击"保存"按钮，这时第三个页面显示修改后的结果，如图 5-51 所示。

图 5-49　选择用户　　　　　图 5-50　修改信息　　　　　图 5-51　显示修改后的结果

3. 编程归纳

（1）本题中的前两个页面与例 5-8 和例 5-9 中的页面相似，可以在前面例题基础上修改即可。第三个页面与例 5-9 的 userList.aspx 完全相同，可以将已创建的页面添加到本程序中，不需要重新创建。

（2）userEdit.aspx.cs 页面是将前面选中的用户信息显示出来，这两个页面之间通过 Session["Id"] 将用户的 userId 传递过来。

通过前面的多个例题，介绍了开发 HIS 系统的主要技术和 C#的基础，接下来就可以进行信息系统的设计与实施了。

5.4　HIS 系统的框架设计

本节介绍 HIS 系统的框架组合、母版页技术和构成框架的重要控件 TreeView 与 ContentPlaceHolder 控件。

5.4.1　HIS 系统的框架组成

HIS 系统启动后，首先是登录界面，如图 5-52 所示。在正确输入用户名和密码后，单击"登录"按钮，如果用户信息正确，进入 HIS 的首页，如图 5-53 所示。

图 5-52　登录界面

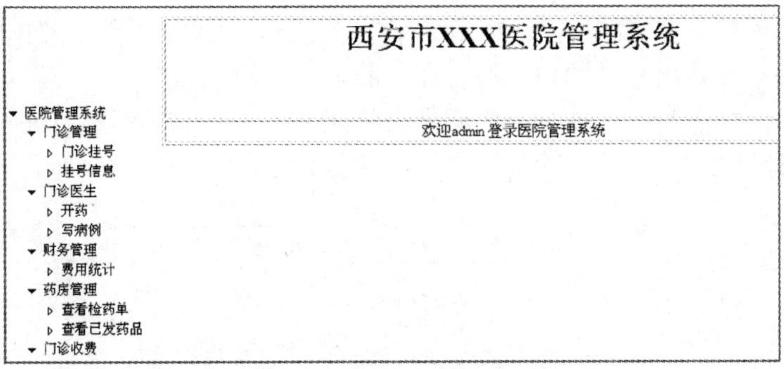

图 5-53　系统主界面

单击左侧"门诊管理"下面的"门诊挂号",界面显示内容如图 5-54 所示。

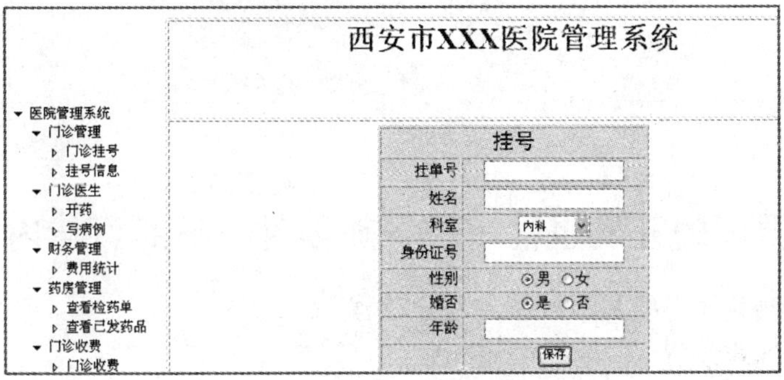

图 5-54　门诊挂号界面

单击左侧"系统管理"下面的"员工管理",界面显示内容如图 5-55 所示。

图 5-55　员工管理界面

继续单击其他内容时,可以看出,整个界面由三个部分组成。左侧是菜单选择,右侧上方显示系统的标题(医院名称),右侧正文则是根据单击左侧菜单显示出的不同内容,框架结构如图 5-56 所示。

框架中,左侧和右上方的内容固定不变,这两个部分称为固定区,右侧下方是内容可变区,也就是说,除了登录界面外,其他界面都是统一的外观,即两个固定区和一个可变区(右下方),这样的效果可以通过 ASP.NET 中的母版页技术实现。

就像 PowerPoint 中为幻灯片设置母版一样,ASP.NET 中的母版页是一种重用技术。一个母版页可以为应用程序中所有页或某些页定义统一的外观和标准行为,然后再创建包含要显示的内容的其他页（称为内容页）。当程序中请求内容页时，这些内容页与母版页合并，然后将母版页的布局和内容页的内容组合在一起输出。

HIS 系统界面左侧是菜单部分（也称为导航区），如图 5-57 所示。可以使用 Menu 控件或 TreeView 控件实现。

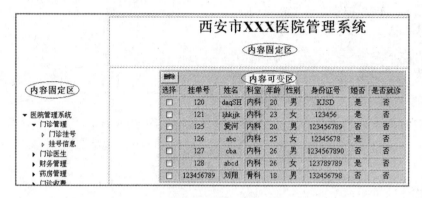

图 5-56　系统框架　　　　　　　　　　　　　图 5-57　系统菜单

5.4.2　系统界面的开发过程——导航控件、母版页与内容页

下面通过实例说明系统界面开发的部分过程。

例 5-11　开发系统界面。

1. 功能要求

包括登录界面、一个母版页、两个内容页，内容页分别是主界面和显示用户信息。

2. 操作过程

（1）创建名为 hospital 的项目，启动 VS 2008，执行"文件"→"新建"→"项目"命令，显示"新建项目"对话框，如图 5-58 所示。

图 5-58　"新建项目"对话框

（2）在对话框中，选择"ASP.NET Web 应用程序"模板，"项目类型"选择 Visual C# 下方的 Web，"位置"文本框中输入"E:\his 系统的开发"，"名称"文本框中输入"hospital"，然后单击"确定"按钮。

（3）将例 5-9 中创建的访问数据库的类 DBHelper.cs 添加到网站中。方法是在"解决方案资源管理器"窗格中右击 hospital，在弹出的快捷菜单中执行"添加现有项"命令，在打开的对话框中选择 DBHelper.cs，然后将其复制到 App_Code 文件夹中，最后将程序中数据库所在位置改为本题的 hospital \App_Data 文件夹。

（4）创建登录界面 login.aspx，创建的内容和操作过程可以参考例 5-7 的内容。

（5）创建母版页并向母版页中添加 TreeView 控件。

① 执行"添加"→"新建项"命令，显示"添加新项"对话框，在对话框中选择"母版页"，"名称"框中输入 web1，然后单击"添加"按钮，窗口显示内容如图 5-59 所示。

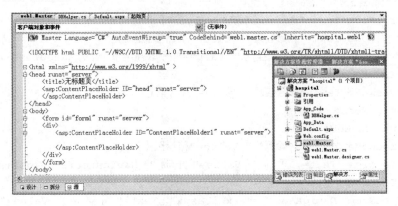

图 5-59　母版页

可以看出，在"解决方案资源管理器"窗格中，多了一个 web1.master 的母版页。

② 母版页中包含两个固定区和一个可变区（由 ContentPlaceHolder 控件来控制），使用表格设计如下的布局：

固定区 TreeView 控件	固定内容文本
	可变区

上面的结构可以先插入一行两列的表格，然后在第二个单元格中再插入一个 2 行 1 列的子表格。

③ 左边的固定区添加一个 TreeView 控件设置菜单，切换到 web1.master 的源视图，在<head>区输入如下的格式代码：

```
<style type="text/css">
    .style4
    {
        width: 194px;
        height: 754px;
    }
    .style5
    {
```

```
        width: 90%;
        height: 754px;
    }
</style>
```

④ 在<div>和</div>标记之间输入如下的代码：

```
<table style="width: 100%; border:1 height: 736px;">
            <tr>
                <td class="style4" >
                    <asp:TreeView ID="TreeView1" runat="server" ImageSet=
                    "Arrows" Height="345px"  Width="165px">
    <HoverNodeStyle Font-Underline="True" ForeColor="" />
    <Nodes>
<asp:TreeNode Text="医院管理系统" Value="医院信息管理系统">
<asp:TreeNode Text="门诊管理" Value="药品信息添加">
<asp:TreeNode  Text="门诊挂号" Value="门诊挂号" NavigateUrl="~/gh.aspx">
</asp:TreeNode>
<asp:TreeNode Text="挂号信息" Value="挂号信息" NavigateUrl="~/ghList.aspx">
</asp:TreeNode>
   </asp:TreeNode>
<asp:TreeNode Text="门诊医生" Value="门诊医生">
<asp:TreeNode  Text=" 开药 "  Value=" 开药 "  NavigateUrl="~/ghList1.aspx">
</asp:TreeNode>
<asp:TreeNode  NavigateUrl="~/xbl.aspx"  Text=" 写病例 "  Value=" 写病例 ">
</asp:TreeNode>
    </asp:TreeNode>
<asp:TreeNode Text="财务管理" Value="药品类型添加">
<asp:TreeNode  Text=" 费用统计 " Value=" 费用统计 " NavigateUrl= "~/CW.aspx">
</asp:TreeNode>
    </asp:TreeNode>
<asp:TreeNode Text="药房管理" Value="药品类型维护">
<asp:TreeNode Text="查看检药单" Value="查看检药单" NavigateUrl="~/jyd.aspx">
</asp:TreeNode>
<asp:TreeNode Text="查看已发药品" Value="查看已发药品" NavigateUrl="~/yfDrug.aspx">
</asp:TreeNode>
      </asp:TreeNode>
<asp:TreeNode  Text=" 门诊收费 " Value=" 门诊收费 " NavigateUrl="~/sf.aspx">
</asp:TreeNode>
      </asp:TreeNode>
<asp:TreeNode  Text="药库管理" Value="药库管理">
<asp:TreeNode  Text=" 药品添加 " Value=" 药品添加 " NavigateUrl="~/drugsEdit.
aspx"></asp:TreeNode>
<asp:TreeNode  Text=" 药品管理 " Value=" 药品管理 " NavigateUrl="~/drugList.
aspx"></asp:TreeNode>
      </asp:TreeNode>
```

```
<asp:TreeNode Text="系统管理" Value="系统管理">
<asp:TreeNode Text="员工添加" Value="员工添加" NavigateUrl="~/AddUser.
aspx"></asp:TreeNode>
<asp:TreeNode Text="员工管理" Value="员工管理" NavigateUrl="~/userList.
aspx"></asp:TreeNode>
<asp:TreeNode Text="科室维护" Value="科室维护" NavigateUrl="~/kswh.aspx">
</asp:TreeNode>
<asp:TreeNode NavigateUrl="~/ksgl.aspx" Text="科室管理" Value="科室管理">
</asp:TreeNode>
        </asp:TreeNode>
<asp:TreeNode Text="住院管理" Value="住院管理">
<asp:TreeNode Text="病房添加" Value="病房添加" NavigateUrl="~/BFTJ.aspx">
</asp:TreeNode>
<asp:TreeNode Text="病房查看" Value="病房查看" NavigateUrl="~/zydjList.
aspx"></asp:TreeNode>
<asp:TreeNode Text="住院登记" Value="住院登记" NavigateUrl="~/zydj.aspx">
</asp:TreeNode>
<asp:TreeNode Text="住院查看" Value="住院查看" NavigateUrl="~/Zyck.
aspx"></asp:TreeNode>
        </asp:TreeNode>
      </asp:TreeNode>
  </Nodes>
                    <NodeStyle Font-Names="Tahoma" Font-Size="10pt"
                    ForeColor="Black" HorizontalPadding="5px" NodeSpacing=
                    "0px" VerticalPadding="0px" />
                    <ParentNodeStyle Font-Bold="False" />
                    <SelectedNodeStyle Font-Underline="True"Horizontal
                    Padding= "0px" VerticalPadding="0px" />
                </asp:TreeView>
            </td>
            <td valign="top" class="style5">
      <table style="width: 23%; height: 131px;" border="1" align=
      "center">
          <tr>
          <td style="width: 100%; text-align: center;background-color:">
            <h1 style="height: 83px; width: 752px; font-size: -20px; ">
            西安市XXX医院管理系统</h1>
                    </td>
                </tr>
                <tr>
      <td style="width: 100%; text-align: center">
        <asp:ContentPlaceHolder ID="ContentPlaceHolder1" runat="server">
        </asp:ContentPlaceHolder>
                    </td>
                </tr>
```

```
            </table>
        </td>
    </tr>
</table>
```

（6）创建内容页 WebForm1.aspx 即主界面。

① 在"解决方案资源管理器"窗格中右击 hospital，在弹出的快捷菜单中执行"添加"→"新建项"命令，显示"添加新项"对话框，如图 5-60 所示。

图 5-60 "添加新项"对话框

② 在对话框中，选择"Web 内容窗体"，在名称框中输入"WebForm1.aspx"，然后单击"添加"按钮，显示"选择母版页"对话框，如图 5-61 所示。

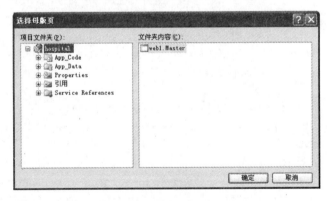

图 5-61 "选择母版页"对话框

③ 在对话框中选择创建的母版页 web1.Master，然后单击"确定"按钮。

④ 在 WebForm1.aspx 页中输入如下的代码：

```
<asp:Content ID="Content2" ContentPlaceHolderID="ContentPlaceHolder1" runat=
"server">
        <p> <asp:Label ID="Label1" runat="server" ></asp:Label>
        欢迎登录医院管理系统</p>
</asp:Content>
```

⑤ 在 WebForm1.aspx 的 Page_Load 过程中输入如下的代码：

```
protected void Page_Load(object sender, EventArgs e)
    {
        if (Session["username"] != null)
        {
            Label1.Text = Session["username"].ToString();
        }
    }
```

（7）创建内容页 userList.aspx，创建时引用母版页 web1.Master，创建过程可以参考上一个步骤。

（8）将 login.aspx 设置为起始页。

（9）其他的页面可以按同样的方法进行创建。

3. 编程分析

（1）前面例题是直接创建网站，本题创建的是项目。项目中选择的是 "ASP.NET Web 应用程序"模板，过程上略有不同，但后面的创建方法和效果是一样的。

（2）在创建母版页时，使用了一个新建的控件 TreeView，该控件可以以树状结构显示分层的数据，也包括了多级层次结构的菜单，每一层的各个数据称为每一个结点（TreeNode）。一个结点之下还可以有多个子结点，控件中各个结点可以动态地添加和删除。本系统中没有进行动态操作，结点结构如图 5-62 所示，图中标有数字的分别表示各级结点。

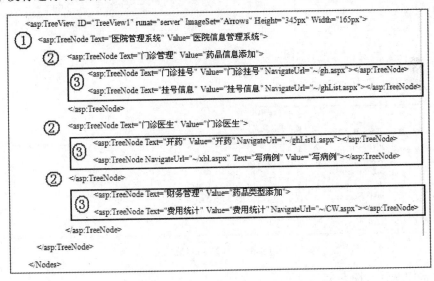

图 5-62　TreeView 结点结构

在<div>和</div>标记之间的代码中，下面的标记 "asp:TreeView" 表示添加了一个 TreeView 控件。

```
<asp:TreeView ID="TreeView1" runat="server" ImageSet="Arrows" Height= "345px"
Width="165px">
```

接下来的 asp:TreeNode 用来向结构中添加结点，每一对<asp:TreeNode r>和</asp:TreeNode>之间还可以再添加下一级结点。

下面是对某个结点的各个属性的具体描述：

```
<asp:TreeNode Text="门诊收费" Value="门诊收费" NavigateUrl="~/sf.aspx">
```

其中的 NavigateUrl="~/sf.aspx"表示单击该结点时要启动的页面，本句中是启动 sf.aspx 页面。

显然，使用 TreeView 控件，既实现了菜单，也将其他的页面整合到一起形成了一个完整的信息系统。

5.4.3 其他页面的界面设计

各个处理模块的结构与用户界面基本相同，以下给出几个模块的结构，其他的也可以参考这些界面。

（1）门诊挂号和挂号信息（图 5-63）

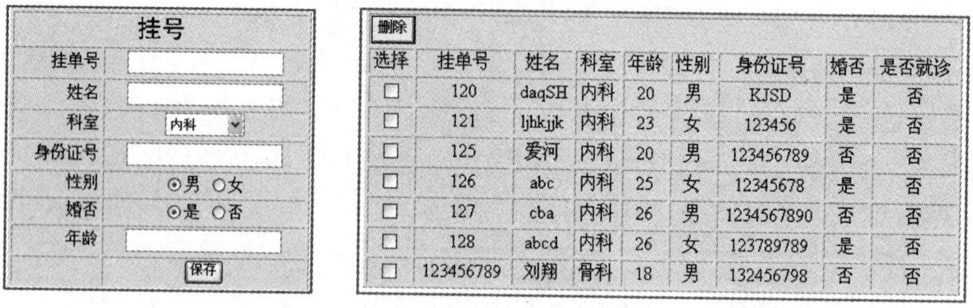

选择	挂单号	姓名	科室	年龄	性别	身份证号	婚否	是否就诊
☐	120	daqSH	内科	20	男	KJSD	是	否
☐	121	ljhkjjk	内科	23	女	123456	是	否
☐	125	爱河	内科	20	男	123456789	否	否
☐	126	abc	内科	25	女	12345678	是	否
☐	127	cba	内科	26	男	1234567890	否	否
☐	128	abcd	内科	26	女	123789789	是	否
☐	123456789	刘翔	骨科	18	男	132456798	否	否

图 5-63 门诊挂号和挂号信息

（2）开药和写病历（图 5-64）

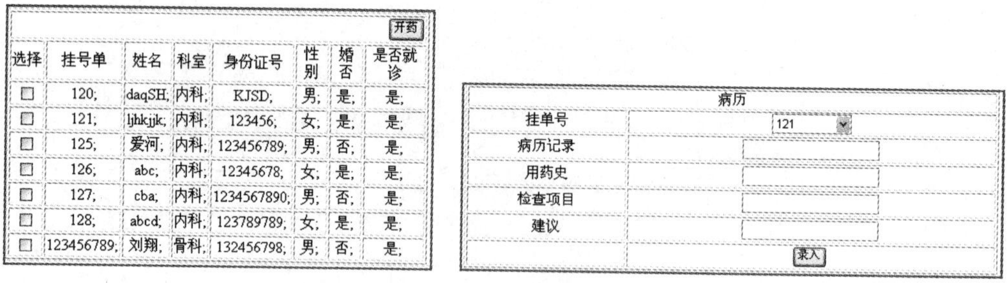

选择	挂号单	姓名	科室	身份证号	性别	婚否	是否就诊
☐	120;	daqSH;	内科;	KJSD;	男;	是;	是;
☐	121;	ljhkjjk;	内科;	123456;	女;	是;	是;
☐	125;	爱河;	内科;	123456789;	男;	否;	是;
☐	126;	abc;	内科;	12345678;	女;	是;	是;
☐	127;	cba;	内科;	1234567890;	男;	否;	是;
☐	128;	abcd;	内科;	123789789;	女;	是;	是;
☐	123456789;	刘翔;	骨科;	132456798;	男;	否;	是;

图 5-64 开药和写病历

（3）费用统计（图 5-65）

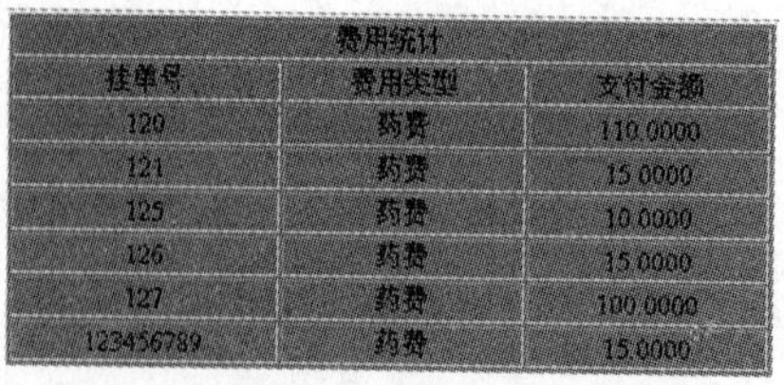

费用统计

挂单号	费用类型	支付金额
120	药费	110.0000
121	药费	15.0000
125	药费	10.0000
126	药费	15.0000
127	药费	100.0000
123456789	药费	15.0000

图 5-65 费用统计

（4）药品添加和药品管理（图 5-66）

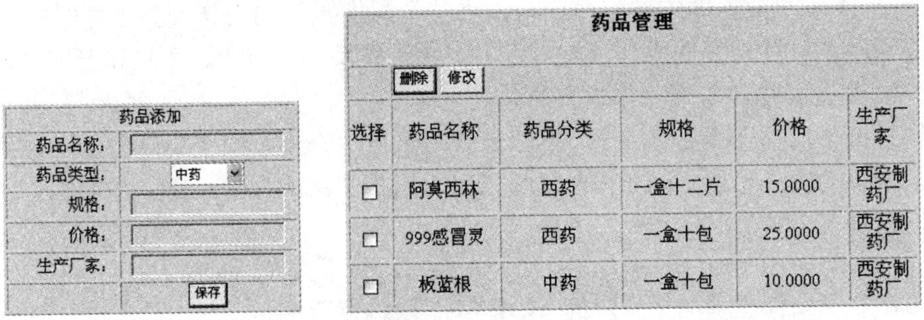

图 5-66　药品添加和药品管理

（5）添加用户和用户管理（图 5-67）

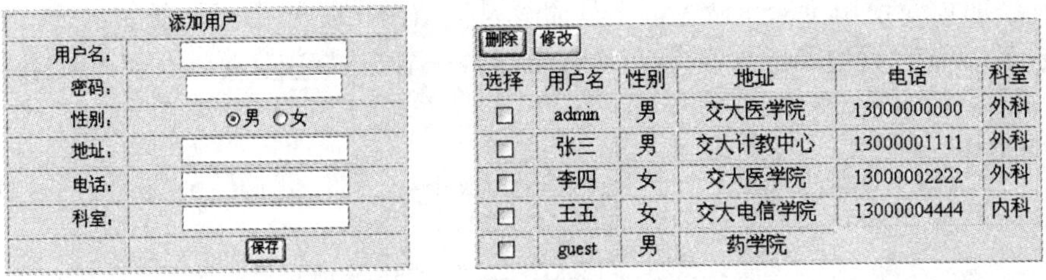

图 5-67　添加用户和用户管理

（6）科室管理（图 5-68）

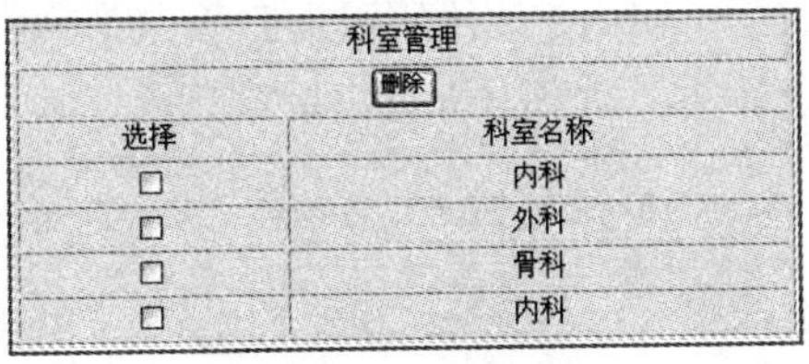

图 5-68　科室管理

（7）住院登记和住院查看（图 5-69）

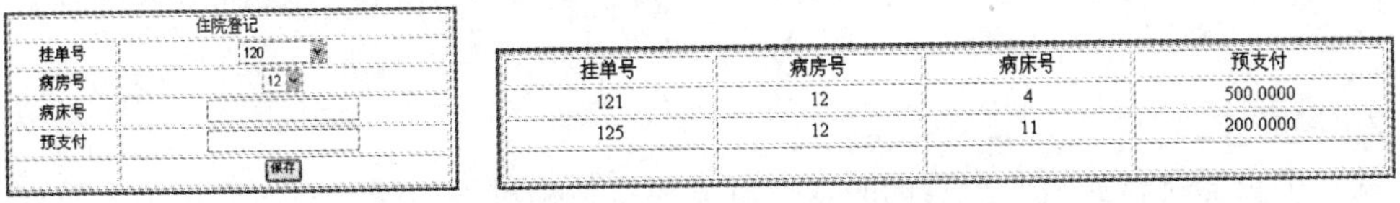

图 5-69　住院登记和住院查看

5.5　其 他 问 题

5.5.1　调试程序时频繁出现的问题

根据以往经验，现将经常出现的问题归纳如下。

1. SQL 语句的含义及 SQL 字符串的构造

SQL 是关系型数据库的通用命令，在用某个程序设计语言访问数据库时，都是通过 SQL 命令进行的，而对表的操作就是对表中记录进行增加、修改、删除和查询。本章的例 5-6~例 5-10 都是围绕这 4 个操作进行的。

（1）查询使用的命令是 select，下面命令是无条件查询，即查询表中所有记录，通常用于显示表中的所有记录，例如模块中显示所有用户、所有挂号、所有药品等：

```
string sql = "select * from userInfo ";
```

下面命令是条件查询，按用户的 userInfo 字段进行查询，用于对选中的记录进行修改或删除之前进行的查询。

```
string sql = "select * from userInfo where userId='" + userId + "'";
```

（2）添加记录使用 insert 命令，下列命令是向 userInfo 表中添加新的记录，要注意的是命令中字段值的类型和顺序要与字段名中保持一致，特别注意命令中单双引号的混合使用。

```
sql = "insert into userInfo(userId,userName,loginName,loginPwd,Sex,Address,
Phone,SectionRoom)"
                + "values("+ userId+",'" +userName +"','" + userName + "','"
                + pwd + "','" + sex + "','" + address + "','" + tel + "','"
                + ks + "')";
```

（3）delete 命令用来将满足 where 条件的记录删除，下列的命令删除指定 userId 的记录，特别注意如果没有指定条件，则表中所有记录被删除。

```
string sql = "delete from userInfo where userId='" + id + "'";
```

（4）使用 update 命令修改记录，与 insert 相似的是该 SQL 查询串通常较长，要注意字段名和字段值的区别，在书写时通常要结合表结构对照各个字段的名称。

```
string sql = "update  userInfo  set loginPwd='" + Pwd + "',Sex='" + Sex + "',
Address='" + Address + "',Phone='" + Phone + "',SectionRoom='" + Room + "'
where userId='" + userId + "'";
```

2. 参数传递

从一个页面跳转到另一个页面时，有时需要将数据进行传递，例如将在一个网页中选中的用户名或 userId 传到另一个页面，常用的方法有使用查询字符串（例 5-4）、Session 对象法（例 5-7），例如下面两条语句的写法：

```
查询字符串: String URL="StuInfo.aspx?name=张三&id=2160001";
Session 对象: Session["username"] = useName;
```

3. 连接字符串的含义

使用 ADO.NET 技术访问数据库时，一定要正确写出连接字符串。从例 5-6 开始，各个例题中都有对数据库的访问，虽然连接字符串比较复杂也比较长，但这些例子中的字符串几乎一样，只有数据库文件所在位置的区别，主要是区分组成这个字符串的 4 个部分的含义，如果不容易写出，可以参考例 5-6 在"数据源配置向导"中进行查询。

4. 各种符号的输入

程序中使用的各种符号，例如单引号、双引号、逗号、分号甚至是空格，都要在英文状态下输入，否则运行时会出错，并且这种错误通常不太容易发现。

5. 区分大小写

SQL 命令中的命令动词（例如 select）和其他关键词（例如 from、where 等）不区分大小写，但在 C#程序里的变量名必须区分大小写。例如，对于下面的查询字符串：

```
string sql = "update userInfo set loginPwd='" + Pwd + "',Sex='" + Sex + "',
Address='" + Address + "',Phone='" + Phone + "',SectionRoom='" + Room + "'
where userId='" + userId + "'";
```

其中的 SQL 关键字 update、set 等不区分大小写，但其中的变量名（对应的是字段的值）必须区分大小写，例如引号之外的 Address 、Phone 和 Room 等一定要注意大小写的区分。

5.5.2 关于本系统的补充说明

1. 每个例题涉及的语法要点和编程技术小结

在 5.2 节和 5.3 节中介绍了 10 个例题，下面归纳这些例题涉及的主要技术要点供学习时参考，也应特别留意每题结束之前的编程归纳。

例 5-1 的技术要点：创建 Web 应用程序。

* Web 应用程序的设计和运行完整过程；
* Label（标签）控件的使用。

例 5-2 的技术要点：创建欢迎页面。

* TextBox（文本框）控件和 Button（按钮）控件的使用；
* 事件代码的编写；
* 在客户端弹出消息框的方法。

例 5-3 的技术要点：创建收集信息页面。

* 其他控件的使用：RadioButtonList、DropDownList 和 CheckBoxList。

例 5-4 的技术要点：网页之间的跳转和数据的传递。

* 网页之间的跳转 Response.Redirect(URL)；
* 网页之间的数据传递；
* 查询字符串的构成和含义。

例 5-5 的技术要点：使用表格进行页面布局。

* 采用表格布局页面；
* 表格的操作；
* 非空数据验证控件（RequiredFieldValidator）的使用。

例 5-6 的技术要点：使用 Repeater 控件显示记录。

* 数据库访问的完整过程；

- 数据集的概念；
- Repeater 控件的使用，只能在设计视图下输入代码的控件；
- 页面的 Page_Load()事件；
- 用 Eval("userId")计算绑定的字段；
- 连接字符串的查询方法；
- 记录的查询操作。

例 5-7 的技术要点：非空数据验证控件的使用。

- 通过访问数据库获得用户名和密码；
- 使用 Session["username"]对象在页面之间传递用户名（数据）。

例 5-8 的技术要点：向表中添加新的记录。

- 比较数据验证控件 CompareValidator 的使用；
- 独立过程的作用，GetData（string sql）和 ExecuteNonQuery(string sql)的编写；
- 新记录的添加。

例 5-9 的技术要点：删除表中记录。

- 复选框控件的使用；
- DBHelper.cs 类的作用和编写；
- 隐藏字段控件的作用；
- IsPostBack 属性的作用；
- 使用 foreach 循环语句遍历 Repeater1 中每一行数据的方法；
- 删除指定的记录。

例 5-10 的技术要点：修改表中的记录。

- UPDATE 命令的构造；
- 各个页面之间的跳转关系；
- 修改指定记录的字段的值。

2. 网站设计技术的说明

（1）网站设计可以使用的技术很多，本系统采用的只是其中之一。

（2）页面的外观也可以进行修饰和美化，例如页面的背景颜色，页面中字符的字体、字号等。

3. 模块功能的说明

本章的例题仅仅保证了模块基本功能的实现，只是实现了一个简易的管理系统，每个模块中的功能还可以进一步细化，列举如下：

- 每个用户的操作权限等；
- 每个输入数据的有效性检验；
- 模块之间的联系不紧密，例如在删除某个用户时，该用户开的药品信息是否同步被删除；
- 还可以再增加的功能，例如各个检查项目，每个医生的病历统计与分析，各科室就诊人数的统计等。

4. 优化问题

还有没有功能类似的一些程序段可以单独编写成过程或类。

　　以上问题都需要进一步的完善，距离实用还有很大的距离。因此，本系统只能作为学习网络编程的初步入门。

习　　题

　　1．基于 Web 的应用系统涉及的主要技术有哪些？

　　2．结合 HIS 系统说明数据库中主键的作用。

　　3．简要说明 HIS 系统中各张表之间的关系。

　　4．本章用到了哪些控件？各自的作用是什么？

　　5．区分应用程序中窗体、控件、属性、事件、代码和方法的概念。

　　6．Web 应用程序中如何实现网页之间的跳转？在跳转时如何实现数据的传递？

　　7．在 Web 应用程序中，如何使用表格进行页面的布局？与表格相关的 HTML 命令有哪些？

　　8．在 C#中访问数据库一般有几个步骤？每一步分别完成什么操作？

　　9．访问数据库使用的连接字符串由几部分组成？每部分的含义是什么？在 C#中如何获取连接字符串？

　　10．在 Web 应用程序中常用的验证控件有哪些？各自有什么作用？

　　11．说明母版页和内容页的作用和实现方法。

　　12．在 Web 应用程序中是如何实现导航的？

MFC Windows 编程

A.1　Windows 编程的基本思想

　　Windows 编程使用事件驱动的程序设计思想。在事件驱动的程序结构中，程序的控制流程不再由事件的预定发生顺序来决定，而是由实际运行时各种事件的实际发生来触发。而事件的发生可能是随机的、不确定的，并没有预定的顺序。事件驱动的程序允许用户用各种合理的顺序来安排程序的流程。对于需要用户交互的应用程序来说，事件驱动的程序设计有着传统程序设计方法无法替代的优点。事件驱动是一种面向用户的程序设计方法，在程序设计过程中除了完成所需要的程序功能之外，更多地考虑了用户可能的各种输入（消息），并有针对性地设计相应的处理程序。事件驱动程序设计也是一种"被动"式的程序设计方法，程序开始运行时，处于等待消息状态，然后取得消息并对其做出相应反应，处理完毕后又返回处于等待消息的状态。使用事件驱动原理的程序的工作流程如附图 A-1 所示。

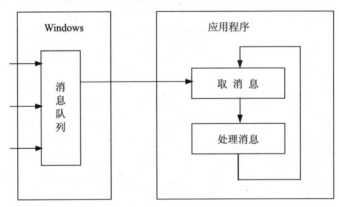

附图 A-1　事件驱动原理

　　事件驱动围绕着消息的产生与处理展开，靠消息循环机制来实现。消息是一种报告有关事件发生的通知。Windows 应用程序的消息来源有以下 4 种。

　　（1）输入消息：包括键盘和鼠标的输入。这一类消息首先放在系统消息队列中，然后由 Windows 将它们送入应用程序消息队列中，由应用程序来处理消息。

　　（2）控制消息：用来与 Windows 的控制对象，如列表框、按钮、检查框等进行双向通信。当用户在列表框中改动当前选择或改变了检查框的状态时发出此类消息。这类消息一般不经过应用程序消息队列，而是直接发送到控制对象上去。

（3）系统消息：对程序化的事件或系统时钟中断作出反应。部分系统消息，如 DDE 消息（动态数据交换消息）要通过 Windows 的系统消息队列，有的系统消息则不通过系统消息队列而直接送入应用程序的消息队列，如创建窗口消息。

（4）用户消息：这是程序员自己定义并在应用程序中主动发出的，一般由应用程序的某一部分内部处理。

A.2　MFC 编程

Microsoft 提供了一个基础类库 MFC（Microsoft Foundation Class），其中包含用来开发 C++应用程序和 Windows 应用程序的一组类。这些类用来表示窗口、对话框、设备上下文、公共 GDI 对象（如画笔、调色板、控制框）和其他标准的 Windows 部件，封装了大部分的 Windows API（Application Programming Interface，应用程序接口）。使用 MFC，可以大大简化 Windows 编程工作。

MFC 将 Windows 应用程序从开始运行、消息传递到结束运行所需的各步骤封装在 CWinApp 类中，CWinApp 类表示 MFC 应用程序的应用对象。CWinApp 类从 CObject 类的子类 CWinThread 类（定义 MFC 内的线程行为）派生。一个 MFC 应用程序必须有且只能有一个从 WinApp 类派生的全局应用程序对象，此对象在运行时刻控制应用程序中所有其他对象的活动。

典型的 Windows 应用程序结构有以下 4 种。

（1）控制台应用程序：在本教程第 1～9 章介绍的所有程序均为控制台应用程序。控制台应用程序结构简单，可以不使用 MFC 类库。

（2）基于框架窗口的应用程序：某些应用程序仅需最小的用户界面和简单的窗口结构，这时可使用基于框架窗口的方案。在此方案中，主应用程序窗口为框架窗口，CFrameWnd 派生类对象附属于应用程序的 CWinApp 派生类对象的 m_pMainWnd 成员。

（3）基于对话框的应用程序：基于对话框的应用程序与基于框架窗口的应用程序差别不大，只是用 CDialog 派生类对象代替了 CFrameWnd 派生类对象作为应用程序的主窗口。基于对话框的应用程序框架可由 Visual C++的应用向导自动生成，非常方便。

（4）基于文档/视图结构的应用程序：文档/视图应用具有较复杂的结构，当然其功能也相应增强。基于文档/视图结构的应用程序又可分为单文档界面(SDI)和多文档界面(MDI)，后者更复杂些。

MFC 类的结构大都比较复杂，可能包含数十个至数百个成员函数，加上层次相当多的继承关系，很难把握。MFC 程序的结构也因此变得难以详细分析。

学习 MFC，最重要的一点是要学会抽象地把握问题。不要一开始学习 Visual C++就试图了解整个 MFC 类库，实际上那几乎是不可能的。一般的学习方法是：先大体对 MFC 有个了解，知道它的概念、组成等之后，从较简单的类入手，由浅入深、循序渐进、日积月累地学习。一开始使用 MFC 提供的类时，只需要知道它的一些常用的方法、外部接口，不必去了解它的细节和内部实现，把它当作一个模块或者黑盒子来用，这就是一种抽象的学习方法。在学到一定程度时，再深入研究，采用继承的方法对原有的类的行为进行修改和扩充，派生出自己所需的类。在研究 MFC 的类时，要充分利用 MSDN 内的帮助信息。

学习 MFC，需要理解 MFC 应用程序的框架结构，而不是强迫记忆大量的类成员、方法及其参数等细节。

A.3 单文档界面应用程序

我们以一个最简单的单文档界面（SDI）程序来开始学习使用 MFC 应用程序框架进行编程。

（1）运行 Visual Studio，选择"新建项目"。在项目模板的 Visual C++下选择 MFC，在右侧选择"MFC 应用程序"，将项目名称改为 MFCExample01，如附图 A-2 所示。

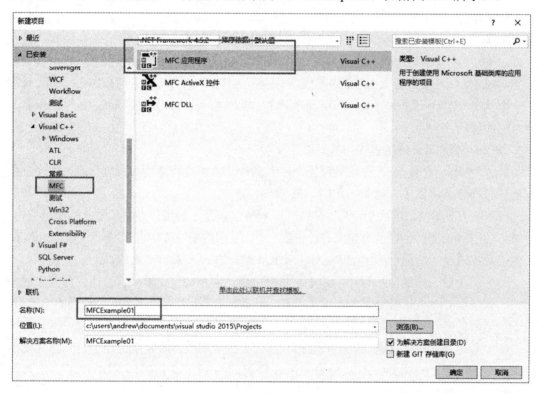

附图 A-2 新建 MFC 项目

（2）随后会出现应用程序向导。单击"下一步"按钮，在应用程序类型的界面按附图 A-3 选择。

（3）其余的设置都采用默认设置，可以直接单击"完成"按钮。项目生成后，可直接编译、运行。

该程序显示了一个完整的 Windows 窗口（可以移动、改变大小，最大最小化），还有与窗口关联的菜单，但直到目前为止，我们并没有编 1 行程序！当然，除此以外，该程序实际上并没有其他任何功能。这就是应用程序框架的工作方式：提供一个可运行的"空"

程序，仅实现一些通用的基本功能，其他功能就由程序员去实现了。理解应用程序框架的程序结构，尤其是能找到加入代码的地方并加入适当的代码，就是使用应用程序框架编程的第一步。

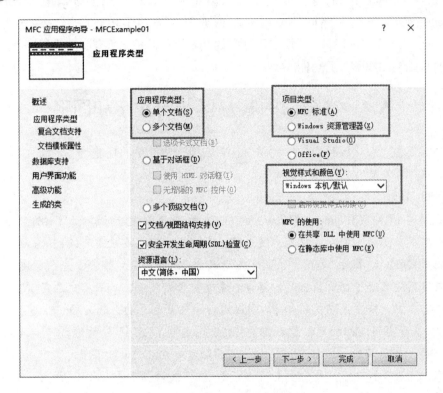

附图 A-3　应用程序类型向导

通过浏览应用程序向导生成的程序，我们会惊奇地发现就是这样一个什么也不干的"空"项目，竟然有十多个文件！对所有这些文件进行仔细分析并试图弄懂每一行代码的含义对初学者来说是一件几乎不可能的事，并且也没有必要，但对结构的了解无疑将有助于编写程序。通过 ClassView(类视图)可以看到，应用程序向导生成了 5 个类，对于名为 MFCExample01 的项目，它们是：

- CAboutDlg　"about"对话框类；
- CMainFrame　框架类，由 CFrameWnd 派生；
- CMFCExample01App　应用程序类，由 CWinApp 派生；
- CMFCExample01Doc　文档类，由 CDocument 派生；
- CMFCExample01View　视图类，由 CView 派生。

除此而外，在程序中还声明了一个 CMyApp 类的全局对象 theApp。

仔细阅读程序还会发现，该程序似乎不完整，其中既没有主函数（在一般的 Windows 程序中应为 WinMain()函数），也没有实现消息循环的程序段。然而，这是一种误解，因为 MFC 已经把它们封装起来了。在程序运行时，MFC 应用程序首先调用由框架提供的标准的 WinMain()函数。在 WinMain()函数中,先初始化由 CMyApp 定义的唯一全局对象 theApp(通过重载的虚函数 InitInstance(),它构造并显示应用程序的主窗口),然后调用其由 CWinApp 类继承的 Run()成员函数,进入消息循环。程序结束时调用 CWinApp 的 ExitInstance()函数退出。因此,应用程序框架不仅提供了构建应用程序所需要的类(CWinApp,CFrameWnd 等),还规定了程序的基本执行结构。所有的应用程序都在这个基本结构的基础上完成不同的功能。

A.4　在窗口的客户区输出文字和图形

现在需要在"空"项目中加入代码,让它实现一些简单的功能。

例 A-1　SDI 版的"Hello world!"

◀𝕨说明:

对视图类(CMFCExample01View)的 OnDraw 成员函数进行扩充。OnDraw 是 CView 类中的一虚成员函数,绘制窗口客户区内容。每次当窗口需要被重新绘制时,应用程序框架都要调用 OnDraw 函数。当用户改变了窗口尺寸,或者当窗口恢复了先前被遮盖的部分,或者当应用程序改变了窗口数据时,窗口都需要被重新绘制。如果用户改变了窗口尺寸,或者窗口需要重新恢复被遮盖的部分,则应用程序框架会自动去调用 OnDraw 函数;但是,如果程序中的某个函数修改了数据,则必须通过调用视图所继承的 Invalidate(或 InvalidateRect)成员函数来通知 Windows,从而触发对 OnDraw 的调用。

程序　通过类视图迅速定位到 OnDraw 函数(在类视图单击 CMFCExample01View 类,并在 OnDraw 函数上双击),去掉函数参数 pDC 两边的注释,并添加代码:

```
void CMFCExample01View::OnDraw(CDC* pDC)
{
    CMFCExample01Doc* pDoc = GetDocument();
    ASSERT_VALID(pDoc);
    if (!pDoc)
        return;
    //TODO: 在此处为本机数据添加绘制代码
    pDC->Rectangle(10, 10, 110, 110);
    pDC->TextOutW(15, 50, L"Hello world!");
}
```

由于我们现在所做的工作都是在应用程序向导生成的代码的基础上进行的,所以在后面的例子中将只给出需要修改的函数,并且用阴影表示需要增加或修改的代码,正常显示的是向导生成的代码,一般不需要修改。

输出　程序运行结果如附图 A-4 所示,在窗口中显示了一个矩形框,框中显示相应文字。

分析　本程序在 OnDraw 中进行扩展,使用了 CDC 类的两个成员函数:画矩形(Rectangle)和文字输出(TextOut)(现在不再使用 cin/cout 进行输入/输出了)。CDC 类中封装了大量的绘图和文字输出方法(成员函数)。

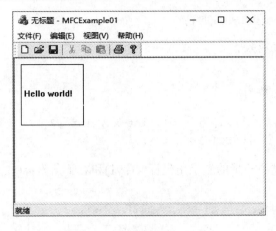

附图 A-4   SDI 版 Hello,world!

（1）文字信息显示

```
BOOL TextOutW(int x, int y, LPCTSTR lpszString);
```

在指定坐标(x, y)处显示字符串 lpszString 的内容，显示成功返回非 0 值，否则返回 0。坐标原点(0, 0)在客户区左上角，Y 轴向下。下面各成员函数的坐标参数均同此。参数类型 LPCTSTR 和返回值类型 BOOL 均为 Windows 的数据类型，前者为常量字符指针，后者为逻辑类型。下面的 COLORREF、POINT、LPPOINT、LPCRECT 等均类此。关于这些 Windows 类型，请参看 A.7 "Windows 数据类型与变量的命名规则"。

（2）画点

```
COLORREF SetPixel (int x, int y, COLORREF color);
COLORREF SetPixel (POINT point, COLORREF color);
```

该函数在指定坐标（用参数 x，y 或点 point 给出）处按给定颜色（color）画点，返回值为原来此坐标处的颜色。

（3）取指定坐标点的颜色

```
COLORREF GetPixel ( int x, int y ) const;
COLORREF GetPixel ( POINT point ) const;
```

返回值为指定坐标处的颜色。

（4）画线

画线工作需经两步完成：首先确定线的起始端位置，这可通过调用成员函数 MoveTo 完成，其原型为：

```
CPoint MoveTo ( int x, int y );
CPoint MoveTo ( POINT point );
```

MoveTo 将绘图位置（"看不见"）移至指定坐标处，并返回移动前的绘图位置。确定了线的起点后，即可使用成员函数 LineTo 画线：

```
BOOL LineTo ( int x, int y );
```

```
BOOL LineTo ( POINT point );
```

其参数为线终点的坐标。

（5）绘制矩形

绘制矩形的成员函数为：

```
BOOL Rectangle ( int x1, int y1, int x2, int y2 );
BOOL Rectangle ( LPCRECT lpRect );
```

其参数为需要绘制的矩形的左上角坐标(x1, y1)和右下角坐标(x2, y2)。

（6）绘制椭圆

该成员函数的原型为：

```
BOOL Ellipse(int x1, int y1, int x2, int y2);
BOOL Ellipse(LPCRECT lpRect);
```

其参数的含义为所绘椭圆的包含矩形的左上角和右下角坐标。

（7）画多边形

```
BOOL Polygon ( LPPOINT lpPoints, int nCount );
```

其中参数 lpPoints 为 LPPOINT 类型的指针，可用 CPoint 数组（存放多边形的各顶点坐标）作为实参。参数 nCount 为顶点个数。例如：

```
CPoint pointPoly[3];
pointPoly[0] = CPoint(100, 100);
pointPoly[1] = CPoint(200, 100);
pointPoly[2] = CPoint(200, 200);
pDC->Polygon(pointPoly, 3);
```

在窗口客户区相应位置画出一个三角形。

（8）其他绘图函数

其他绘图函数还有画弧 Arc()、画弓形 Chord()、画扇形 Pie()和画圆角矩形 InvertRect()等，具体使用方法可参看 MSDN 联机帮助。

（9）获取客户区的坐标

为了某些绘图效果，可能需要知道框架窗口客户区当前的大小。Wnd 类的成员函数GetClientRect()可用于该目的。其调用方法为：

```
void GetClientRect(LPRECT lpRect);
```

A.5　编制消息处理函数

前面例子中的程序不接收任何用户输入，虽然它们的窗口中含有菜单和工具栏，但没有与视图代码相连接，而用户输入响应是 Windows 程序必不可少的功能。下面将学习如何使用 MFC 消息映射系统。

A.5.1　消息映射

当用户在窗口中按下鼠标左键时，Windows 系统就会自动发送 WM_LBUTTONDOWN 消息给该窗口，如果程序需要对此消息有所反应的话，则程序中应包含类似的函数：

```
void CMFCExample01::OnLButtonDown(UINT nFlags, CPoint point)
{
    //TODO: Add your message handler code here and/or call default
    CView::OnLButtonDown(nFlags, point);
}
```

并且，在类头文件中也必须包含相应的函数原型说明：

```
afx_msg void OnLButtonDown(UINT nFlags, CPoint point);
```

afx_msg 标识符表明该原型说明的是消息映射函数。

此外，在代码文件中还需要消息映射宏，将 OnLButtonDown 函数与应用程序框架联系在一起：

```
BEGIN_MESSAGE_MAP(CMyFirstView, CView)
    //{{AFX_MSG_MAP(CMyFirstView)
    ON_WM_LBUTTONDOWN()
    //}}AFX_MSG_MAP
    //Standard printing commands
END_MESSAGE_MAP()
```

另外，在类头文件中还需要包含以下语句：

```
DECLARE_MESSAGE_MAP()
```

所有这些，保证了程序框架为响应消息而进行正确的函数调用。也就是说，当用户单击鼠标左键时，Windows 系统就会自动给该窗口发送 WM_LBUTTONDOWN 消息，程序框架会调用 OnLButtonDown 函数。如果没有定义以上的函数，则该消息被忽略。编制消息处理函数有时又被称作消息映射或捕获消息。有的消息（如菜单选择消息）实际上可以放在 SDI 的四个类中的任何一个类中处理，此时，消息在 SDI 各类中的传递过程如下：

视图类→文档类→框架类→应用程序类

如果前一个类中定义了消息处理函数，则消息将不会再传递到后面的类中。具体应在哪一个类中定义处理函数，由程序员根据需要而定。对于鼠标、键盘、定时器等输入消息，一般应放在视图类中进行处理。

A.5.2　编制消息处理函数

我们可以手工亲自编制消息处理函数，但记住以上那些语句会让初学者望而生畏。利用 Visual Studio 来自动编制消息处理函数，对于大多数消息来说是一个容易的办法。在要处理消息的类上右击，在弹出的菜单上选择"属性"。在"属性"窗口的上部，选择"消息"，如附图 A-5 所示。

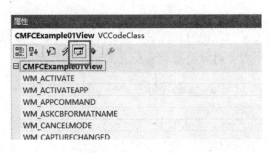

附图 A-5　显示消息的窗口

滚动消息，选择 WM_LBUTTONDOWN，这是鼠标左键按下时产生的消息。在消息右侧列的单元格右侧单击下拉箭头，可以选择一个已经存在的消息处理函数（如果有的话）或者添加一个新的。此处，选择添加一个新的消息处理函数：

```
void CMFCExample01View::OnLButtonDown(UINT nFlags, CPoint point)
{
    //TODO: 在此添加消息处理程序代码和/或调用默认值
    MessageBoxW(L"我被单击了！");
    CView::OnLButtonDown(nFlags, point);
}
```

加阴影的那一行是为该函数添加的代码，可以显示一个消息框。现在运行程序，并在客户区任意位置单击鼠标左键，就会弹出一个对话框，显示"我被单击了！"。

OnLButtonDown 还有一个很有用的参数 point，传递单击时鼠标的位置坐标，修改 OnLButtonDown 函数，可显示该位置：

```
void CMFCExample01View::OnLButtonDown(UINT nFlags, CPoint point)
{
    //TODO: 在此添加消息处理程序代码和/或调用默认值
    CString strDisplay;
    strDisplay.Format(L"X= %d, Y= %d", point.x, point.y);
    MessageBoxW(strDisplay);
    CView::OnLButtonDown(nFlags, point);
}
```

A.6　鼠标和键盘消息处理

无论何时移动鼠标或单击鼠标按键，Windows 便产生一个或多个消息并将其发送给位于鼠标光标下的窗口。

编程时常用的鼠标消息有：

- WM_LButtonDown　按下鼠标左键；
- WM_LButtonUp　释放鼠标左键；
- WM_LButtonDblClk　双击鼠标左键；

- WM_RButtonDown　按下鼠标右键;
- WM_RButtonUp　释放鼠标右键;
- WM_RButtonDblClk　双击鼠标右键;
- WM_MouseMove　移动鼠标。

对应的 Wnd 类的消息处理成员函数为:

- void OnLButtonDown (UINT nFlags, CPoint point);
- void OnLButtonUp (UINT nFlags, CPoint point);
- void OnLButtonDblClk (UINT nFlags, CPoint point);
- void OnRButtonDown (UINT nFlags, CPoint point);
- void OnRButtonUp (UINT nFlags, CPoint point);
- void OnRButtonDblClk (UINT nFlags, CPoint point);
- void OnMouseMove (UINT nFlags, CPoint point);

其中参数 point 表示鼠标的位置,nFlags 是几个控制键的状态,可以是下列值及其组合:

- MK_Control　Ctrl 键被按下;
- MK_LButton　鼠标左键被按下;
- MK_RButton　鼠标右键被按下;
- MK_Shift　Shift 键被按下。

例如,"MK_Shift|MK_LButton"表示同时按下了 Shift 键和鼠标左键。通过重载上述消息处理成员函数,应用程序可对各种鼠标行为编程。

键盘的消息响应函数是 OnKeyDown(),用于处理消息 WM_KeyDown(按下按键)。该函数的原型为:

```
afx_msg void OnKeyDown( UINT nChar, UINT nRepCnt, UINT nFlags );
```

其中参数 nChar 为用户按键代码。常用按键代码如附表 A-1 所示。

附表 A-1　常用按键代码

代　码	说　明
VK_0～VK_9	数字键 0～9(不在数字键盘上)
VK_A～VK_Z	字母键 A～Z
VK_BACK	BackSpace 键
VK_CONTROL	Ctrl 键
VK_DELETE	Delete 键
VK_DOWN	向下方向键
VK_END	End 键
VK_ESCAPE	Esc 键
VK_F1～VK_F10	F1～F10 键
VK_HOME	Home 键
VK_INSERT	Insert 键
VK_LEFT	左方向键
VK_MENU	Alt 键
VK_NEXT	Page Down 键

续表

代　　码	说　　明
VK_PRIOR	Page Up 键
VK_RIGHT	右方向键
VK_SHIFT	左右 Shift 键
VK_SNAPSHOT	Print Screen 键
VK_SPACE	空格键
VK_TAB	Tab 键
VK_UP	向上方向键

参数 nRepCnt 为按键重复次数，nFlags 为扫描码、转换键码和按键组合状态等。

A.7　Windows 数据类型与变量的命名规则

Windows API 自行定义了一些关键字，用来定义 Windows 中函数中的有关参数和返回值的大小和意义，通常将它们看作 Windows 的数据类型。其中较常用的如附表 A-2 所示。

附表 A-2　Windows 的数据类型

关　键　字	类　　型	说　　明
BOOL	逻辑类型	等价于 int
BOOLEAN	逻辑类型	等价于 byte
BYTE	字节	等价于 unsigned char
CHAR	字符	等价于 char
DOUBLE	双精度	等价于 double
DWORD	双字	等价于 unsigned long
FLOAT	浮点数	等价于 float
HANDLE	句柄	等价于 void
INT	整数	等价于 int
LONG	长整数	等价于 long
SHORT	短整数	等价于 short
UCHAR	无符号字符	等价于 unsigned char
UINT	无符号整数	等价于 unsigned int
ULONG	无符号长整数	等价于 unsigned long
USHORT	无符号短整数	等价于 unsigned short
VOID	空的、无定义	等价于 void
WCHAR	双字节码	等价于 unsigned short
wchar_t	双字节码	等价于 unsigned short
WORD	字	等价于 unsigned short
WPARAM	消息参数	等价于 uint
LPARAM	消息参数	等价于 long
LRESULT	消息返回值	等价于 long
HINSTANCE	实例句柄	等价于 unsigned long

续表

关　键　字	类　　型	说　　明
HWND	窗口句柄	等价于 unsigned long
HDC	设备环境句柄	等价于 unsigned long
TCHAR	字符	等价于 char
LPSTR	字符指针	等价于 char *
LPCSTR	常量字符指针	等价于 const char *
LPTSTR	字符指针	等价于 tchar *
LPCTSTR	常量字符指针	等价于 const tchar *
LPVOID	无类型指针	等价于 void *
LPCVOID	无类型常量指针	等价于 const void *

其中句柄（handle）是 Windows 编程的一个关键性的概念，编写 Windows 应用程序总是要和各种句柄打交道。所谓句柄，就是一个 4 字节长的唯一的数，用以标识许多不同的对象类型，如窗口、菜单、内存、画笔、画刷、电话线路等。

由于 Windows 是一个多任务操作系统，它可以同时运行多个程序或一个程序的多个副本。这些运行的程序称为一个实例。为了对同一程序的多个副本进行管理，Windows 引入了实例句柄。Windows 为每个应用程序建立一张表，实例句柄就好像是这张表的一个索引。

Windows 不仅使用句柄来管理实例，也用它来管理窗口、位图、字体、元文件、图标等系统资源。

除了基本数据类型外，在使用 MFC 编程时还会遇到下面这些常用的重要的数据类型。

（1）代表坐标的结构体类型 POINT 和 CPoint 类：

```
typedef struct tagPOINT
{
     LONG x;
     LONG y;
}POINT;
```

类型 LPPOINT 为指向 POINT 类型的指针，等价于 POINT *。在 MFC 中还有与 POINT 类型对应的类 CPoint，其中除了数据成员 x 和 y 外，还提供了一些重载的运算符，如“＝＝”（相等）、“!=”（不等）、“+”（加，可与下文的 SIZE 类型联用）和“–”（减，可与下文的 SIZE 类型联用）等。

（2）表示长、宽尺寸的结构体类型 SIZE 和 CSize 类：

```
typedef struct tagSIZE
{
     int cx;
     int cy;
}SIZE;
```

在 MFC 中有与 SIZE 类型对应的类 CSize。与 CPoint 类相似，CSize 类也有一批重载的运算符，便于使用。

（3）记录矩形区域的结构体类型 RECT 和 CRect 类：

```
typedef struct tagRECT
{
        LONG left;
        LONG top;
        LONG right;
        LONG bottom;
}RECT;
```

类型 LPRECT 为指向 RECT 类型的常数指针，等价于 const RECT*。在 MFC 中有与之相应的类 CRect。CRect 类除了具有重载的运算符外，还有一些成员函数，如 Width()（矩形宽）、Height()（矩形高）、PtInRect()（测试一个点是否在矩形范围中）等。

（4）表示颜色的类型 COLORREF

COLORREF 实际上是一个 32 位整数类型，用于表示某种颜色，其第 0，1，2 字节分别用于存放该颜色的红、绿和蓝色分量。如果已知某颜色的三个分量，则可使用宏 RGB( )构造出该颜色：

```
COLORREF RGB（BYTE bRed, BYTE bGreen, BYTE bBlue）;
```

例如，RGB(0,0,0)为黑色，RGB(255, 255, 255)为白色。

在编程时，变量、函数的命名是一个极其重要的问题。好的命名方法使变量易于记忆且程序可读性大大提高。Microsoft 采用匈牙利（Hungarian）命名法来命名 Windows API 函数和变量。

匈牙利命名法中，C++标识符的命名定义了一种非常标准化的方式，这种命名方式是以以下两条规则为基础的。

（1）标识符的名字以一个或者多个小写字母开头，用这些字母来指定数据类型。下面列出了常用的数据类型的标准前缀：

c 字符（char）；

s 短整数（short）；

cb 用于定义对象（一般为一个结构）尺寸的整数；

n 或 I 整数（integer）；

sz 以 0 结尾的字符串；

b 字节；

x 短整数（坐标 x）；

y 短整数（坐标 y）；

f BOOL；

w 字（WORD，无符号短整数）；

l 长整数（long）；

h HANDLE（无符号 int）；

m_ 类成员变量；

fn 函数（function）；

dw 双字（DWORD，无符号长整数）。

（2）在标识符内，前缀以后就是一个或者多个第一个字母大写的单词，这些单词清楚地指出了源程序中那个对象的用途。例如，m_szPersonName 表示一个人名的类成员变量，数据类型是字符串型。

A.8　画笔与画刷

画笔是用来画线的工具，是 CPen 类的对象。CPen 类封装了一个 Windows GDI 画笔，并提供了用于操作画笔对象的若干种方法。画笔的使用方法为：

```
// 声明画笔对象，并创建宽度为 3 的红色实线画笔
CPen penRed;
penRed.CreatePen(PS_SOLID, 3, RGB(255, 0, 0));
// 使用新的画笔，保存原来的画笔以便恢复
CPen *pOldPen;
pOldPen = pDC->SelectObject(&penRed);
// 以下为作图代码，所画的线均使用新画笔
...
// 恢复原来的画笔
pDC->SelectObject(pOldPen);
```

CDC:: SelectObject()方法选定放入当前设备环境的新对象，并返回一个指向被替换对象的指针。因此，语句

```
pOldPen = pDC->SelectObject(&penRed);
```

保存了原来的画笔。保存并恢复原来画笔的原因是：每个图形设备接口对象要占用一个HDC 句柄，而可用的句柄数量是有限的，在使用完后要及时释放。否则，每次执行 OnDraw()函数时均要重新创建图形接口对象，未被释放的非法句柄会留在设备上下文对象中，积累下去将导致严重的运行错误。

CPen 类的成员函数 CreatePen()用于创建画笔，其原型为：

```
BOOL CreatePen (int nPenStyle, int nWidth, COLORREF crColor);
```

第 1 个参数是画笔样式，可取附表 A-3 中的值。

附表 A-3　画笔样式

画笔样式取值	说　　明
PS_SOLID	创建实线笔
PS_DASH	创建由短线构成的虚线
PS_DOT	创建由点构成的虚线
PS_DASHDOT	创建由短线和点构成的虚线
PS_DASH_DOTDOT	创建由短线、点、点构成的虚线
PS_NULL	创建空（空白）画笔

各种虚线只有当线宽为 1 时有效。第二个参数为线宽，第三个参数为线的颜色，可使用 RGB()函数指定。RGB()函数有三个参数，分别代表选取颜色的红、绿、蓝分量，可取 0～

255 之间的整数值。例如 RGB(255, 255, 255)为白色，RGB(0, 0, 0)为黑色。

画刷是用来填充图形的工具，是 CBrush 类的对象，使用方法与画笔类似，也要定义画刷对象，创建画刷并保存原来的画刷，在绘图工作结束后恢复原来的画刷。创建画刷的成员函数的原型为：

```
BOOL CreateSolidBrush ( COLORREF crColor );
```

参数 crColor 指定了画刷的颜色。除此之外，还可以创建一个阴影风格的画刷：

```
BOOL CreateHatchBrush ( int nIndex, COLORREF crColor );
```

其中参数 nIndex 指定了阴影风格，可取附表 A-4 中的值。

附表 A-4 阴影风格

阴影风格取值	说　　明
HS_BDIAGONAL	从左下角到右上角的 45° 斜线
HS_CROSS	水平线与垂直线
HS_DIAGCROSS	相互垂直的 45° 线
HS_FDIAGONAL	从左上角到右下角的 45° 斜线
HS_HORIZONTAL	水平线
HS_VERTICAL	垂直线

CDC 类的 SelectObject()函数原型如下：

```
CPen* SelectObject( CPen* pPen );
CBrush* SelectObject( CBrush* pBrush );
virtual CFont* SelectObject( CFont* pFont );
```

即 SelectObject()是重载的 CDC 类成员函数。SelectObject()将一个 GDI 对象选入到设备环境中，新选中的对象将替换原有的同类型对象，然后返回指向被替换的对象的指针。

A.9　位　　图

所谓位图，即点阵式图像。与图标不同的是位图的尺寸非常灵活，可以任意设置。实际上，应用程序通常使用两种位图：一种可由位图编辑器生成、编辑，通常尺寸较小，颜色种类数较少（最多 256 色）。这类位图往往用作应用程序中的某种标志或小幅图像。另一种位图就是通常的图像文件，可通过专用的图像工具软件生成，也可通过扫描仪等设备直接将照片、图片等输入计算机，可以是真彩色图像。Developer Studio 可将 BMP 格式的图像文件作为资源加入项目。

在 MFC 中，用 CBitmap 类对象存放位图的参数。CBitmap 类有以下几个重要成员函数。

（1）载入位图资源

```
BOOL LoadBitmap( LPCTSTR lpszResourceName );
```

```
BOOL LoadBitmap( UINT nIDResource );
```

其中参数 lpszResourceName 和 nIDResource 分别为资源名称和标识符。装载成功时该函数返回非零值，否则返回零。

（2）读位图信息

```
int GetBitmap( BITMAP* pBitMap );
```

其中参数 pBitMap 为一个 BITMAP 结构体对象的地址。BITMAP 结构体类型用于存放位图有关信息：

```
typedef struct tagBITMAP {
    int     bmType;             // 位图类型（0）
    int     bmWidth;            // 位图宽
    int     bmHeight;           // 位图高
    int     bmWidthBytes;       // 位图每行的字节数
    BYTE    bmPlanes;           // 位平面数
    BYTE    bmBitsPixel;        // 每点字节数
    LPVOID  bmBits;             // 位图数据指针
} BITMAP;
```

与一般的图形相比，位图的显示过程稍复杂些。首先应建立一个合适的内存设备环境：

```
CDC MemDC;
MemDC.CreateCompatibleDC(NULL);
```

并将位图选入该设备环境：

```
MemDC.SelectObject(&m_Bitmap);
```

然后可用 CDC 类的 BitBlt() 成员函数从内存设备环境中将位图复制到指定设备（如窗口或打印机）。BitBlt() 函数的原型为：

```
BOOL BitBlt ( int x, int y, int nWidth, int nHeight, CDC* pSrcDC,
int xSrc, int ySrc, DWORD dwRop );
```

其中参数 x,y 为目标区左上角坐标，nWidth 和 nHeight 分别为目标区的宽度和高度（逻辑坐标），pSrcDC 为内存设备指针，xSrc 和 ySrc 为原图中欲显示块左上角坐标，dwRop 为复制方式，常用值为 SRCCOPY，即将位图按原样复制。通过恰当设置这些参数，可以输出位图中的某个矩形区域。

A.10　对　话　框

对话框（Dialog）实际上也是一个窗口。在 MFC 中，对话框的功能被封装在 CDialog 类中，CDialog 类是 CWnd 类的派生类。

对话框分为模态对话框和非模态对话框两种。模态对话框垄断了用户的输入，当一个模态对话框打开时，用户只能与该对话框进行交互，而其他用户界面对象收不到用户的输入信息（如键盘和鼠标消息）。平时我们所遇到的大部分对话框都是模态对话框，例如通过File/Open 命令打开的文件搜索对话框就是模态对话框。非模态对话框类似普通的窗口，并不垄断用户的输入。在非模态对话框打开时，用户随时可用鼠标单击等手段激活其他窗口对象，操纵完毕后再回到本对话框。非模态对话框的典型例子是 Microsoft Word 中的搜索对话框，打开搜索对话框后，用户仍可与其他窗口对象进行交互，一边搜索，一边修改文章，非常方便。在程序中使用模态对话框有以下两个步骤。

（1）在视图类或框架窗口类的消息响应函数（如鼠标消息或菜单选项的命令消息响应函数）中说明一个对话框类的对象（变量）。

（2）调用 CDialog::DoModal()成员函数。

DoModal()函数负责对模态话框的创建和撤销。在创建对话框时，DoModal()函数的任务包括载入对话框模板资源、调用 OnInitDialog()函数初始化对话框和将对话框显示在屏幕上。完成对话框的创建后，DoModal()函数启动一个消息循环，以响应用户的输入。由于该消息循环截获了几乎所有的输入消息，使主消息循环收不到对对话框的输入，致使用户只能与模态对话框进行交互，而其他用户界面对象收不到输入信息。

如果用户在对话框内单击了标识符为 IDOK 的按钮（通常该按钮的标题是"确定"或OK），或者按了回车键，则 CDialog::OnOK()函数会被调用。OnOK()函数首先调用UpdateData()函数将数据从控件传给对话框成员变量，然后调用 CDialog::EndDialog()函数关闭对话框。关闭对话框后，DoModal()函数会返回值 IDOK。

如果用户单击了标识符为 IDCANCEL 的按钮（通常其标题为"取消"或 Cancel），或按了 Esc 键，则会导致对 CDialog::OnCancel()函数的调用。该函数只调用 CDialog::EndDialog()函数关闭对话框。关闭对话框后，DoModal()函数会返回 IDCANCEL。

在应用程序中，可根据 DoModal()函数的返回值是 IDOK 还是 IDCANCEL 来判断用户是确定还是取消了对对话框的操作。从 MFC 编程的角度来看，一个对话框由以下两部分组成。

（1）对话框模板资源：对话框模板用于指定对话框的形状、所用控件及其分布，Developer Studio 根据对话框模板来创建对话框对象。

（2）对话框类：对话框类用来实现对话框的功能。

由于各应用程序中的对话框具体功能不同，因此一般要从 CDialog 类中派生一个新类，以便添加特定的数据成员和成员函数。相应地，对话框的设计也包括对话框模板的设计和对话框类的设计两个主要方面。具体来说，应有以下步骤。

（1）向项目中添加对话框模板资源；

（2）编辑对话框模板资源，加入所需的控件；

（3）从 CDialog 类派生对话框类，加入与各控件对应的数据成员；

（4）在框架窗口类或视图类的菜单选项、鼠标事件或其他消息响应函数中添加对话框对象的应用代码。

下面主要说明对话框类的设计方法，包括以下几项工作。

（1）从 CDialog 类派生一个对话框类，并通过对话框模板资源的 ID 建立它们之间的对应关系；

（2）为对话框类添加与各控件相对应的成员变量；

（3）为对话框进行初始化工作；

（4）增加对控件通知消息的处理。

A.10.1   对话框的初始化

对话框的初始化工作一般在构造函数和 OnInitDialog()函数中完成。在构造函数中的初始化工作主要是针对对话框的数据成员进行的。在对话框创建时，会收到 WM_INITDIALOG 消息，对话框对该消息的处理函数是 OnInitDialog()。调用 OnInitDialog()函数时，对话框已初步创建，对话框的窗口句柄也已有效，但对话框还未被显示出来。因此，可以在 OnInitDialog()函数中做一些影响对话框外观的初始化工作。OnInitDialog()对对话框类的作用与 OnCreate()函数对 CMainFrame 类的作用类似。

A.10.2   对话框的数据交换和数据检验机制

一般我们利用对话框接收用户的输入。用户将数据输入对话框中的控件中，例如编辑控件、复选框等。但是程序代码是如何得到这些用户的输入呢？显然程序必须从控件中得到用户的输入值。因此就存在程序代码和对话框中的控件进行数据交换的过程。这个过程称为对话框的数据交换。

在程序中，通过控件与用户的数据交流是分两步完成的。首先，要在对话框类中加入与控件对应的数据成员，通过数据交换（DDX）确定其与控件的数据交换关系。例如对于编辑控件，可在对话框类中声明一个 CString 类的数据成员，并通过 DDX 将其与编辑控件联系起来。这样，打开对话框时，编辑控件窗口显示的就是该数据成员原来的值。如果用户对编辑控件的内容进行了编辑修改，则在退出对话框后，该数据成员的值也相应地变为编辑后的内容。

在视图类中调用对话框时，还可通过对话框的数据成员来处理用户的输入数据。具体说来，在调用对话框类的 DoModal()函数打开对话框之前，可以通过设置对话框数据成员的值，使其成为控件窗口的显示信息；在退出对话框后，又可将对话框数据成员所反映的用户输入数据应用到程序的其他部分。正因为如此，对话框类的数据成员通常被说明为 public 的，以便在上述情况下直接处理。

MFC 提供了 CDataExchange 类来实现对话框类与控件之间的数据交换（DDX），该类还提供了数据检验机制（DDV）。所谓数据检验，即对用户输入数据的范围进行检查，如果不符合要求则拒绝接受。这样可以将用户输入数据限制在一预先确定的范围内。数据交换和检验机制不仅适用于编辑框控件，还适用于检查框、单选按钮、列表框和组合框等控件。

对话框与控件是密不可分的。Windows 提供了一批基本控件，如静态控件（Static Text）、编辑控件（Edit Box）、组框等，可解决大部分用户输入界面设计的需求。另外，使用 Visual C++编程还可使用一批通用控件，包括动画控件（Animate）、标题控件（Header）、复合文本编辑控件（Rich Edit）、标签控件（Tab）和树状列表控件（Tree List）等，可大大提高应用程序界面的表现力。

A.11　常　用　控　件

控件（Control）是 Windows 提供的独立小部件，在对话框与用户的交互过程中担任主要角色，如显示文本、图片和图标、命令按钮、编辑文字或数据和滚动条等。

控件的外观和功能是由其属性（Property）决定的。在编辑对话框模板资源时，对准某个控件按下鼠标右键可调出其属性设置对话框。不同的控件属性也不完全相同。属性对话框中有若干选项卡，如 General 选项卡、Styles 选项卡和 Extend Styles 选项卡等，控件的属性就分布在各选项卡上。

控件看似简单，实际上也是一个窗口，对应一个 CWnd 派生类的对象。例如，编辑控件对应 Cedit 类的对象，静态文本控件对应 CStatic 类的对象。每个控件均有自己的标识符，在程序中可使用对话框类的成员函数 GetDlgItem()取得指向具体控件对象的指针，然后对其进行编程。本节介绍几个常用控件的使用方法。

（1）静态文本（Static Text）控件：用于显示字符串，不接收输入信息。多用于显示其他控件的标题。使用静态文本控件一般均可使用默认属性。

（2）图片（Picture）控件：用于显示位图、图标、方框等，不接收输入信息。在图片控件的属性中，最重要的是其 Type（在控件属性对话框的 General 选项卡中设置），可选类型有 Frame（矩形框）、Rectangle（矩形块）、Icon（图标）和 Bitmap（位图）等。如果类型选择 Frame 和 Rectangle，可通过 Color 选项选择其颜色；如果选择 Icon 和 Bitmap，可通过 Image 选项选择相应的资源。

（3）组框（Group Box）控件：显示一个文本字符串和一个方框，通常用于组合一组相关控件。

以上三个控件均对应 CStatic 类型的对象。应该说明的是，如果无须对静态控件编程，则不要求其标识符唯一，通常可选用对话框模板编辑器自动提供的默认标识符（IDC_STATIC）。

（4）编辑（Edit Box）控件：是最常用的控件，可用于单行或多行文本编辑，其功能十分强大，相当于一个小型文本编辑器。编辑控件亦可用来输入数值数据和日期、时间数据。主要属性有 Align Text（文本对齐方式）、Multiline（多行编辑）、AutoHScroll（输入到窗口右边界后自动横滚）等（均在控件属性对话框的 Styles 选项卡中设置）。编辑控件对应 CEdit 类的对象。

（5）按钮（Button）控件：用于响应用户的鼠标按键等操作，触发相应的事件。编程时按钮的处理与菜单选项类似，可为其添加命令响应函数（通常借助 ClassWizard 完成）。

（6）检查框（Check Box）控件：用作选择标记，有选中、不选中和不确定等状态。

（7）单选按钮（Radio Button）控件：用来作多项选择。单选按钮总是成组使用的。在一组单选按钮中，第一个按钮最为重要，其 ID 可用于在对话框类中建立对应的数据成员（一定要设置其 Group 属性为选中）。按钮、检查框和单选按钮三种控件均对应 CButton 类的对象。

（8）列表框（List Box）控件：显示一个文字列表，用户可从表中选择一项或多项。主要属性为 Selection（位于 Styles 选项卡中）。可选择 Single（单选）、Multiple（多选）等。

属性 Sort 表示是否将列表框的内容排序。列表框中的文字列表需在编程时确定，通常是在对话框类的 InitDialog() 成员函数中给出。列表框控件对应 CListBox 类对象。

（9）组合框（Combo Box）是编辑控件和列表框的组合，可分为简易式（Simple）、下拉式（Dropdown）和下拉列表式（Drop List）。组合框中列表的内容可在设置时用 Data 选项卡输入。注意输入各列表项时要使用 Ctrl+Enter 开始新的一项。组合框控件对应 CCombo 类的对象。

为了在程序中对控件进行查询和控制，可以利用 CWnd 类提供的一组管理对话框控件的成员函数。这类函数很多，附表 A-5 仅举几例。

附表 A-5　对话框控件管理函数

对话框控件管理函数	说　　明
GetCheckedRadioButton()	返回指定单选按钮组中被选择的单选按钮的 ID
GetDlgItem()	返回一个指向一给定控件的指针
GetDlgItemText()	获得在一个控件内显示的正文
SetDlgItemText()	设置一个控件显示的正文

A.12　序　列　化

文档对象的序列化（Serialize）是指文档对象可以将其当前状态（由其成员变量的值表示）写入到永久性存储体（通常是指磁盘）中，以后还可从永久性存储体中读取对象的状态（载入），从而重建对象。这种对象的保存和恢复的过程称为序列化。保存和载入序列化的数据通过 CArchive 类的对象作为中介来完成。

文档的序列化在文档类的 Serialize() 成员函数中进行。当用户选择文件菜单的 File Save、Save As 或 Open 选项时，都会自动调用这一成员函数。由于应用程序的数据结构各不相同，所以应重载文档派生类的 Serialize() 成员函数，使其支持对特定数据的序列化。

应用程序向导在生成应用程序时只给出了一个 Serialize() 函数的框架，程序员要做的工作是为其添加代码，以实现具体数据的序列化。应用程序向导生成的 Serialize() 函数由一个简单的 if-else 语句组成，如下所示：

```
void CMyDoc::Serialze(CArchive& ar)
{
if(ar.IsStoring())
{
    //TODO: add storing code here.
}
else
{
    //TODO: add loading code here.
}
}
```

其中参数 ar 是一个 CArchive 类型的对象，该对象包含一个 CFile 类型的文件指针。

CArchive 对象为读写 CFile（文件类）对象中的可序列化数据提供了一种类型安全的缓冲机制。通常 CFile 类对象代表一个磁盘文件。

CArchive 类的成员函数 IsStoring()用于通知 Serialize()函数是需要写入还是读取序列化数据。如果数据要写入（Save 或 Save As），IsStoring()返回布尔值 True；如果数据是被读取（Open），则返回 False。

CArchive 类对象使用重载的插入（<<）和提取（>>）操作符执行读和写操作。这种方式与 cin 和 cout 中的输入输出流非常相似，只是这里处理的是对象，而 cin 和 cout 处理的是 ASCII 字符串。

A.12.1　打印和打印预览

文档/视图结构中的视图类负责程序的输出，包括屏幕显示和打印。也就是说，视图类的 OnDraw()函数的输出为显示和打印共用。这种安排大大简化了编程，特别是在使用应用程序向导生成应用程序框架的情况下，几乎无须添加任何编码就可实现"所见即所得"式的打印输出功能。

然而，由于打印机和显示屏上的窗口的工作原理完全不同，各种参数之间存在很大差异，在 OnDraw()函数中兼顾两者的要求具有一定困难。如果在设计 OnDraw()函数时主要考虑显示的需要（前面的文档/视图例题程序均如此），则打印输出的质量不高。这是因为以下两点。

（1）打印机和窗口（屏幕）显示的分辨率不同。打印机的分辨率用每英寸多少个点来描述，屏幕分辨率用单位面积的像素点来表示。同样是 Arial 字体的字符，在屏幕上用 20 个像素表示，而在打印机上则需要 50 个点。因此，如果选用 MM_TEXT 模式编程（为简单起见，前几章的示例程序均如此），一个逻辑单位对应于一个像素点，则与屏幕显示相比，打印尺度明显偏小。

（2）窗口和打印机对边界的处理不同。窗口可以看作是无边界的，可以在窗口之外绘图而不会引起错误，窗口会自动剪裁超出边界的图形。但打印机却不同，打印机按页打印，输出时必须自己处理分页和换页。

CView 类的虚函数 OnPrepareDC()用于设置设备环境，其原型为：

```
virtual void OnPrepareDC( CDC* pDC, CPrintInfo* pInfo = NULL );
```

其中参数 pDC 为指向设备环境的指针，pInfo 为指向 CPrintInfo 类对象的指针。CPrintInfo 类用来存放与打印有关的信息，其数据成员 m_nCurPage 为当前打印页的号码；m_rectPage 存放着当前打印纸上的可打印区域。常用成员函数有以下几种。

（1）设置从第几页开始打印。其原型为：

```
void SetMinPage( UINT nMinPage );
```

其中参数 nMinPage 为开始打印的页号。如果从文档的第 1 页开始打印，则 nMinPage 的值应为 1。

（2）设置打印到第几页结束。其原型为：

```
void SetMaxPage( UINT nMaxPage );
```

其中参数 nMaxPage 为最后一个打印页的页码，其默认值为 1。

（3）取关于打印页码的设置。原型为：

```
UINT GetMinPage( ) const;
UINT GetMaxPage( ) const;
```

如果 OnDraw() 主要用于显示，打印内容简单（例如只有一页），则 OnPrepareDC() 的参数 pInfo 可取空值 NULL。

应用程序框架在调用 OnDraw() 之前会调用 OnPrepareDC() 函数。在 OnDraw() 之外使用设备环境时（如在消息响应函数中），应首先声明一个 CClientDC 对象，然后调用 OnPrepareDC() 函数。

A.12.2　自定义类的序列化

前面已经介绍过，如果文档类的数据是 CObject 的派生类的对象，则文档类的序列化成员函数 Serialize() 的编写非常简单。那么，对于程序中的自定义类，能否让其支持序列化呢？回答是肯定的。要让程序员自定义的类支持序列化，一般要做如下 6 步工作。

（1）从 CObject 类派生出自定义类。

（2）重载自定义类的 Serialize() 成员函数，加入必要的代码，用以保存自定义类对象的数据成员到 CArchive 对象以及从 CArchive 对象载入自定义类对象的数据成员状态。

（3）在自定义类的声明中，加入 DECLARE_SERIAL() 宏，这是序列化对象所必需的。

（4）为自定义类定义一个不带参数的构造函数。

（5）为自定义类重载赋值运算符 "="。

（6）在自定义类的源代码文件中加入 IMPLEMENT_SERIAL() 宏。

A.13　MDI 应用程序

与框架窗口界面程序、单文档界面（SDI）程序和基于对话框的应用程序一样，多文档界面（MDI）程序也是基本的 MFC 应用程序结构。MDI 程序的结构最复杂，功能也最强。其特点是用户一次可以打开多个文档，每个文档均对应不同的窗口；主窗口的菜单会自动随着当前活动的子窗口的变化而变化；可以对子窗口进行层叠、平铺等各种操作；子窗口可以在 MDI 主窗口区域内定位、改变大小、最大化和最小化，当最大化子窗口时，它将占满 MDI 主窗口的全部客户区。MDI 不仅可以在同一时间内同时打开多个文档，还可以为同一文档打开多个视图。

从程序员角度看，每个 MDI 应用程序必须有一个 CMDIFrameWnd 或其派生类的对象，该窗口称作 MDI 框架窗口。CMDIFrameWnd 是 CFrameWnd 的派生类，除了拥有 CFrameWnd 类的全部特性外，还具有以下与 MDI 相关的特性。

（1）与 SDI 不同，MDI 的框架窗口并不直接与一个文档和视图相关联。MDI 的框架窗口拥有客户窗口，在显示或隐藏控制条（包括工具条、状态栏、对话条）时，重新定位该子窗口。

（2）MDI 客户窗口是 MDI 子窗口的直接父窗口，它负责管理主框架窗口的客户区以及创建子窗口。每个 MDI 主框架窗口都有且只有一个 MDI 客户窗口。

（3）MDI 子窗口是 CMDIChildWnd 或其派生类对象，CMDIChildWnd 也是 CFrameWnd 的派生类，用于容纳视图和文档，相当于 SDI 下的主框架窗口。每打开一个文档，框架就自动为文档创建一个 MDI 子窗口。一个 MDI 应用程序负责动态地创建和删除 MDI 子窗口。在任何时刻，最多只有一个子窗口是活动的(窗口标题栏颜色呈高亮显示)。MDI 框架窗口始终与当前活动子窗口相关联，命令消息在传给 MDI 框架窗口之前首先分派给当前活动子窗口。

（4）在没有任何活动的 MDI 子窗口时，MDI 框架窗口可以拥有自己的默认菜单。当有活动子窗口时，MDI 框架窗口的菜单条会自动被子窗口的菜单所替代。框架会自动监视当前活动的子窗口类型，并相应地改变主窗口的菜单。例如，在 Visual Studio 中，当选择对话框模板编辑窗口或源程序窗口时，菜单会有所不同。但是，对于程序员来说，只需在 InitInstance()中注册文档时指定每一类子窗口（严格地讲是文档）所使用的菜单，而不必显式地通过调用函数去改变主框架窗口的菜单，因为框架会自动完成这一任务。

（5）MDI 框架窗口为层叠、平铺、排列子窗口和新建子窗口等一些标准窗口操作提供了默认的菜单响应。在响应新建子窗口命令时，框架调用 CDocTemplate::CreateNewFrame() 为当前活动文档创建一个子窗口。CreateNewFrame()不仅创建子窗口，还创建与文档相对应的视图。

HTML 与 CSS 基础

HTML 是 Hypertext Markup Language 的缩写，译为超文本标记语言。它主要用于描述网页信息的内容和结构。在 HTML 中，用开始和结构标签包围文本内容，并且把每个标签的名字称为元素。以下是 HTML 的基本语法：

```
<元素> 内容 </元素>
```

例如：

```
<p>This is a paragraph</p>
```

◀》注意：
HTML 中大部分的空格是无关紧要的（可以被忽略或者折叠成一个空格）。

当前 HTML 的最新版本是 HTML5，其中包含很多新特性，有兴趣的读者可以查阅相关资料，在此不再赘述。

B.1　HTML 页面结构

HTML 页面的基本结构如下：

```
<!DOCTYPE html>                    <!-- 文档类型定义 -->
<html>                             <!-- 打开 HTML 标签 -->
<head>                             <!--页头开始标签，包含网页标题、CSS、JavaScript 等 -->
<title>page title</title>          <!--页面标题 -->
<style></style>                    <!- 内嵌式 CSS 样式 -->
<link …/>                          <!- CSS 链接文件 -->
<javascript>……</javascript>       <!- JavaScript 脚本 -->
</head>                            <!- 页头结束标签 -->
<body>                             <!- 页面主体开始标签 -->
page content
</body>                            <!- 页面主体结束标签 -->
</html>                            <!- 结束 HTML 标签 -->
```

B.2　HTML 行内元素

HTML 中的大部分元素都可分为两种类型：行内元素和块级元素。

行内元素影响少量的内容，其内容不会从新的一行出现，如粗体文本、代码段、图像等。浏览器允许许多行内元素出现在同一行，并且行内元素必须嵌套在块元素内。

HTML 中，常见的行内元素包括：

- 图像(img)；
- 链接(a)；
- 换行(br)；
- 强调(em,strong)。

B.2.1 图像

在 HTML 中，图像由⟨img⟩标签定义。

要在页面上显示图像，需要使用源属性 src。src 指 source。源属性的值是图像的 URL 地址。

定义图像的语法是：

```
<img src="url"  alt="图片描述"/>
```

如：

```
<img src="images/koalafications.jpg" alt="koala" />
<img src="http://202.117.35.252/ctec/images/bqfeng.jpg" height="120" />
```

使用 img 时需要注意以下两点：

① HTML5 中需要 alt 属性来描述图片。

② 注意图片的相对路径和绝对路径问题。

B.2.2 链接

超链接可以是一个字、一个词或者一组词，也可以是一幅图像，可以单击这些内容来跳转到新的文档或者当前文档中的某个部分。

通过使用 <a> 标签在 HTML 中创建链接。

有以下两种使用 <a> 标签的方式：

① 通过使用 href 属性创建指向另一个文档的链接。

② 通过使用 name 属性创建文档内的书签。

链接的语法是：

```
<a href="url" target="" >Link text</a>
```

target 为可选属性，可以定义被链接的文档在何处显示。

B.2.3 换行

在 HTML 中，需要强制换行可以使用
标签。
 可插入一个简单的换行符。

 标签是空标签。在 XHTML 中，把结束标签放在开始标签中，也就是
。

请注意，
 标签只是简单地开始新的一行，它用来输入空行，而不是分隔段落。而当浏览器遇到 <p> 标签时，才会产生段落分隔，它会在相邻的段落之间插入一些垂直的

间距。

例如下面的 HTML 代码：

```
<p>
    The woods are lovely, dark and deep, <br /> But I have promises to
    keep, <br /> And miles to go before I sleep, <br /> And miles to go
    before I sleep.
</p>
```

最后生成的 HTML 页面效果如附图 B-1 所示。

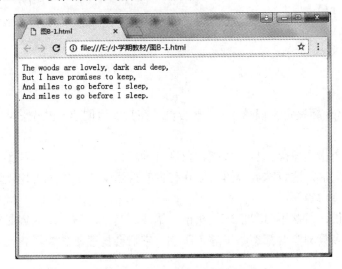

附图 B-1　换行标签的使用效果

B.2.4　强调

HTML 中，强调标签<em>用于倾斜强调，<strong>用于加粗强调。

在使用时应该注意标签的匹配。

请看示例：

```
<p>
    HTML is <em>really,
    <strong>REALLY</em> lots of</strong> fun!
</p>
```

对于上面的代码，浏览器可能正确显示内容，但它是无效的 HTML，因为出现了两种强调标签的交叉嵌套。在进行标签匹配时，一个结束标记必须匹配最近打开的标签。正确的写法之一如下所示：

```
<p>
    HTML is <em>really,
    <strong>REALLY</strong></em> lots of fun!
</p>
```

B.3 HTML 块元素

块元素会从新的一行出现，并且它的前后都会有插入的断行，所以如果不用 CSS 则无法让两个块元素并列在一起。块元素包含整个大区域的内容，如段落、列表，表中的单元格。为了分隔，浏览器在不同块元素之间加入了空白边缘。

HTML 中，常见的块元素包括：

- 段落(p);
- 标题(h1～h6);
- 水平线(hr);
- 注释(<!--文本 -->)。

B.3.1 段落

HTML 中，<p>标签定义段落。p 元素会自动在其前后创建一些空白，浏览器会自动添加这些空间。

可以只在块内指定段落，也可以把段落和其他段落、列表、表单和预定义格式的文本一起使用。总地来讲，这意味着段落可以在任何有合适文本流的地方出现，如文档的主体中、列表的元素里，等等。

从技术角度讲，段落不可以出现在头部、锚或者其他严格要求内容必须只能是文本的地方。实际上，多数浏览器都忽略了这个限制，它们会把段落作为所含元素的内容一起格式化。

下面是一个段落标签的示例：

```
<p>
这个段落
在源代码中
包含许多行
但是浏览器
忽略了它们。
</p>


<p>
这个段落
在源代码          中
包含    许多行
但是        浏览器
忽略了    它们。
</p>


<p>
段落的行数依赖于浏览器窗口的大小。如果调节浏览器窗口的大小，将改变段落中的行数。
</p>
```

该代码执行后的效果如附图 B-2 所示。

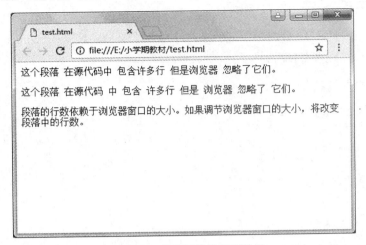

附图 B-2 段落标签的使用效果

B.3.2 标题

HTML 中<h1>～<h6> 标签可定义标题。<h1> 定义最大的标题，<h6> 定义最小的标题。

由于 h 元素拥有确切的语义， 因此请慎重选择恰当的标签层级来构建文档的结构。

请看下面 HTML 代码：

```
<h1>This is heading 1</h1>
<h2>This is heading 2</h2>
<h3>This is heading 3</h3>
<h4>This is heading 4</h4>
<h5>This is heading 5</h5>
<h6>This is heading 6</h6>
```

该代码运行效果如附图 B-3 所示。

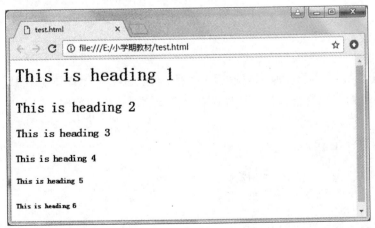

附图 B-3 标题标签的使用效果

B.3.3 水平线

<hr> 标签在 HTML 页面中创建一条水平线。水平分隔线（Horizontal Rule）可以在视觉上将文档分隔成多个部分。

请看下列代码：

```
<p>hr 标签定义水平线：</p>
<hr />
<p>这是段落。</p>
<hr />
<p>这是段落。</p>
<hr />
<p>这是段落。</p>
```

该段代码运行效果如附图 B-4 所示。

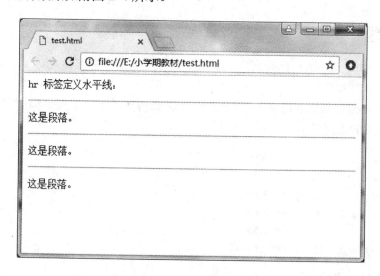

附图 B-4　水平线标签的使用效果

B.3.4 注释

注释标签<!--...-->用于在源代码中插入注释。注释不会显示在浏览器中。

可使用注释对代码进行解释，这样做有助于此后对代码的编辑。当编写了大量代码时尤其有用。

请看下列 HTML 代码：

```
<!--这是一段注释。注释不会在浏览器中显示。-->
<p>这是一段普通的段落。</p>
```

该代码的运行效果如附图 B-5 所示。

附图 B-5 注释标签的使用效果

B.4 列   表

HTML 中,列表分为无序列表和有序列表。无序列表的标签为<ul>,有序列表的标签为<ol>,两者均为块元素。

列表项目的标签为<li>,它既可以用在无序列表<ul>中,也可以用在有序列表<ol>中。请看下面示例:

```
<ol>
   <li>Coffee</li>
   <li>Tea</li>
   <li>Milk</li>
</ol>

<ul>
   <li>Coffee</li>
   <li>Tea</li>
   <li>Milk</li>
</ul>
```

该示例运行效果如附图 B-6 所示。

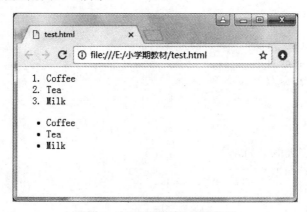

附图 B-6 列表标签的使用效果

B.5 表　　格

<table> 标签定义 HTML 表格。

简单的 HTML 表格由 table 元素以及一个或多个 tr、th 或 td 元素组成。tr 元素定义表格行，th 元素定义表头，td 元素定义表格单元。

在 HTML 中，表格是最常用的元素之一，设计者经常利用它来实现定位。

附表 B-1 是表格的一些基本属性。

附表 B-1　HTML 中表格的基本属性

属　　性	值	描　　述
align	• left • center • right	不赞成使用。请使用样式代替。 规定表格相对周围元素的对齐方式
bgcolor	• rgb(x,x,x) • #xxxxxx • colorname	不赞成使用。请使用样式代替。 规定表格的背景颜色
border	• pixels	规定表格边框的宽度
cellpadding	• pixels • %	规定单元边沿与其内容之间的空白
cellspacing	• pixels • %	规定单元格之间的空白
width	• % • pixels	规定表格的宽度

表格中可通过 colspan 和 rowspan 来实现跨列和跨行效果。请看下面的示例：

```
<h4>横跨两列的单元格：</h4>
<table border="1">
<tr>
  <th>姓名</th>
  <th colspan="2">电话</th>
</tr>
<tr>
  <td>Bill Gates</td>
  <td>555 77 854</td>
  <td>555 77 855</td>
</tr>
</table>

<h4>横跨两行的单元格：</h4>
<table border="1">
<tr>
  <th>姓名</th>
```

```
  <td>Bill Gates</td>
 </tr>
 <tr>
  <th rowspan="2">电话</th>
  <td>555 77 854</td>
 </tr>
 <tr>
  <td>555 77 855</td>
 </tr>
</table>
```

该示例的运行效果如附图 B-7 所示。

附图 B-7　表格的使用效果

B.6　字　符　实　体

在 HTML 中，某些字符是预留的。这些预留的字符不能直接在 HTML 中使用，如小于号（<）和大于号（>），因为浏览器会误认为它们是标签。

如果希望正确地显示预留字符，必须在 HTML 源代码中使用字符实体（Character Entities）。如需要显示小于号，必须这样写：< 或 <。

字符实体的表示可以有以下两种方式。

① 用实体名称，格式：&实体名称;

② 用实体编号，格式：&#实体编号。

◀️注意：

使用实体名称而不是编号的优点是名称易于记忆。缺点是浏览器也许并不支持所有实体名称，但对实体编号的支持却很好。

HTML 中的常用字符实体是不间断空格( )。浏览器总是会截短 HTML 页面中的空格。如果在文本中出现连续的 10 个空格，在显示该页面之前，浏览器会删除它们中的 9 个。如要在页面中增加空格的数量，则需要使用 " " 这个字符实体。

HTML 常用的字符实体如附表 B-2 所示，注意实体名称对大小写敏感。

附表 B-2　HTML 中的常用字符实体

显 示 结 果	描　　　述	实 体 名 称	实 体 编 号
	空格		
<	小于号	&lt;	&#60;
>	大于号	&gt;	&#62;
&	和号	&amp;	&#38;
"	引号	&quot;	&#34;
'	撇号	' (IE 不支持)	&#39;
¢	分（cent）	&cent;	&#162;
£	镑（pound）	&pound;	&#163;
¥	元（yen）	&yen;	&#165;
€	欧元（euro）	&euro;	&#8364;
§	小节	&sect;	&#167;
©	版权（copyright）	&copy;	&#169;
®	注册商标	&reg;	&#174;
™	商标	&trade;	&#8482;
×	乘号	&times;	&#215;
÷	除号	&divide;	&#247;

B.7　音　　频

在 HTML 中，<audio> 标签定义声音，比如音乐或其他音频流。

<audio>标签的部分属性如附表 B-3 所示。

附表 B-3　audio 标签的部分属性

属　　　性	值	描　　　述
autoplay	autoplay	如果出现该属性，则音频在就绪后马上播放
controls	controls	如果出现该属性，则向用户显示控件，比如播放按钮
loop	loop	如果出现该属性，则当媒介文件完成播放后再次开始播放
muted	muted	规定音频输出应该被静音
src	url	要播放的音频的 URL

在使用 audio 标签时，请特别注意以下几点：

① <audio>是 HTML5 的新标签，所以只能在支持 HTML5 的浏览器上看到执行效果。

② 目前，Internet Explorer 9+、Firefox、Opera、Chrome 以及 Safari 支持 <audio> 标签。Internet Explorer 8 以及更早的版本不支持 <audio> 标签。

③ 可以在开始标签和结束标签之间放置文本内容，这样不支持该标签的浏览器就可以显示出相关提示信息。

请看示例：

```
<audio src="test.ogg" controls="controls">
```

您的浏览器不支持 audio 元素。

</audio>

该示例在支持 HTML5 的浏览器上运行效果如附图 B-8 所示。

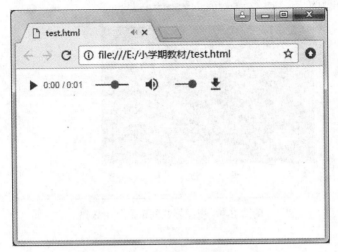

附图 B-8　音频标签的正常使用效果

B.8　视　　频

在 HTML 中，<video> 标签定义视频，例如电影片段或其他视频流。

<video>标签的部分属性如附表 B-4 所示。

附表 B-4　<video>标签的部分属性

属　　性	值	描　　述
autoplay	autoplay	如果出现该属性，则视频在就绪后马上播放
controls	controls	如果出现该属性，则向用户显示控件，比如播放按钮
height	pixels	设置视频播放器的高度
loop	loop	如果出现该属性，则当媒介文件完成播放后再次开始播放
muted	muted	规定视频的音频输出应该被静音
poster	URL	规定视频下载时显示的图像，或者在用户单击播放按钮前显示的图像
preload	preload	如果出现该属性，则视频在页面加载时进行加载，并预备播放。如果使用 autoplay，则忽略该属性
src	url	要播放的视频的 URL
width	pixels	设置视频播放器的宽度

<video>标签在使用时的注意事项同<audio>标签。

请看示例：

```
<video src="test.mp4" controls="controls">
您的浏览器不支持 video 元素。
</video>
```

该示例在支持 HTML5 的浏览器上运行效果如附图 B-9 所示。

附图 B-9　视频标签的正常使用效果

B.9　CSS 基础

先来看一段 HTML 代码：

```
<p>
<font face="隶书" size="5px" color="red">欢迎进入 CSS 世界！</font>
<br/>
借助<b><i>CSS</i></b>，<u>您的网站更精彩！</u>
</p>
```

在这段代码中，对 HTML 内容的修饰显然有如下几个缺点。

① 书写格式烦琐，结构臃肿，执行效率较低。

② 无法做到"一改全改"。

③ 过多地关注内容的显示和表现形式。

其实，引入 CSS 后，就可以很容易地解决上述问题。

① 引入 CSS 后，在 HTML 中只需要给相关内容指定选择器，不必书写大量格式代码，代码更简洁，执行效率更高。

② 修改时，只需要在 CSS 文件中改动少量代码，即可实现对所有引用此文件的网页的更改，即批量更改。

③ CSS 的引入使网页中内容与形式的"紧耦合"变成"松耦合"，HTML 只需要关注 Web 的内容，对于内容的表现及呈现形式，则完全交给 CSS 来管理。

既然 CSS 可以解决上述问题，那下面来简单了解下 CSS。

CSS(Cascading Style Sheets，层叠样式表)用于控制网页样式并允许将样式信息与网页内容分离的一种标记性语言。

有了 CSS 后，再看一个网页时，可以这样理解：它包含两部分内容，一部分是网页的外观、布局，即 CSS 负责表示；另一部分是网页的内容，即 HTML 负责内容。内容与表示的分离是非常重要的 Web 设计原则。如果 HTML 中不包含样式，那么它的整个显示可以通过 CSS 文件来改变。

B.10　CSS 选择器

CSS 中主要通过选择器（selector）来实现表示，常见的选择器有两类，单选择器和多选择器。

简单的单选择器的语法模板如下：

```
selector {
        property: value;
        property: value;
        …
        property: value;
    }
```

例如：

```
p {
  font-family: "宋体";
  color: red;
}
```

多选择器的语法模板如下：

```
selector1, selector2, …, selectorN {
                    property: value;
                    property: value;
                    …
                    property: value;
                }
```

例如：

```
h1,h2 {
      color: green;
    }
```

B.11　CSS 的引入方式

网页中引入 CSS 有三种方式：行内引入、内嵌式引入和链接式引入。

行内引入是指将 CSS 格式直接放置于所修改的文本对应的 HTML 标识内，CSS 格式只对当前内容有效，如下所示：

```
<h1 style="color: blue;">
```

```
    This heading will be blue now.
</h1>
```

这种引入方式与内容和表示分离的 Web 设计原则相背离，因此，该方式不被主流网站所采用。

内嵌式引入是指将 CSS 格式放置于所修饰网页页头的<style></style>中，CSS 格式可对当前网页中所有的对应选择器有效，具体格式如下所示：

```
<!DOCTYPE html>
<html>
<head>
<title>欢迎进入 CSS 世界</title>
<style type="text/css">
    h1 {
        color:red;
    }
</style>
</head>
<body>
<h1>This heading will be red now.</h1>
</body>
</html>
```

这种引入方式虽然在该网页内部能够做到内容与表示的分离，但是这种分离仅限于该网页，不能实现跨网页的两者分离，因此在主流网站中也不推荐使用。

链接式引入是指将 CSS 格式放置于一个独立的文件中，所有想使用该文件中对应格式的网页都可通过在页头加入对该格式文件的链接来实现，具体格式所下：

```
<html>
<head>
<title>欢迎进入 CSS 世界</title>
<link href="style.css" type="text/css" rel="stylesheet"/>
</head>
<body>
<h1>This heading will be green now.</h1>
</body>
</html>
```

在上述代码中，可以看到有一个引入文件 style.css，它的具体内容如下：

```
h1 {
  color:green;
}
```

这里需要特别说明的是引入文件的路径与存放位置。由于在该例中，引入文件时并未加入任何路径，因此必须保证引入网页和被引入的 CSS 格式文件位于同一个文件夹下。当然，路径也可以是绝对路径或者是网络路径，如下所示：

```
<link href="css/style.css" type="text/css" rel="stylesheet" />
<link href="http://ctec.xjtu.edu.cn/css/style.css" type="text/css" rel=
"stylesheet" />
```

学习了以上关于 CSS 的三种引入方式后，请看下面的例子。

例：请分析下面网页运行后的输出结果。

```
<html>
<head>
<title>欢迎进入 CSS 世界</title>
<link href="style.css" type="text/css" rel="stylesheet" />
<style type="text/css">
    h1 {
        color: red;
    }
</style>
</head>
<body>
<h1 style="color: blue;">This heading will be red now.</h1>
</body>
</html>
```

读者可以将这些代码保存为一个网页文件，另外在同一文件夹下新建一个 style.css 文件，内容如下：

```
h1 {
    color: green;
}
```

运行网页文件后，读者会看到运行结果，这种结果跟你们预想的相同吗？

看到结果后，请再到网页中将行内引入格式删除后，继续运行，结果又会怎么样呢？

已经成功完成上面步骤的读者都可以看到，第一步做完后，网页中显示的是蓝色的文本，第二步做完后显示的是红色的文本，这是为什么呢？ 这就是 CSS 引入格式的优先级问题了。简单来说，三种引入方式有如下优先级：

行内引入 > 内嵌式引入 > 链接式引入

读者在应用三种引入方式时一定要注意这种优先级，如果出现如上例所示的冲突，自己应该能够清晰判断出网页最后的显示效果。

与此相对应，在使用同一种引入方式的情况下，如果两种样式发生相同属性冲突时，后面的样式优先。

B.12　CSS 的属性

CSS 的属性很多，尤其 CSS3 问世后，又加入了很多能够实现特效的属性，这里并不会介绍太多的属性，只是抛砖引玉式地介绍一些基本属性，对于其他属性，读者有兴趣可以查阅有关 CSS 的专业资料。

1. 颜色属性

颜色属性主要用来进行颜色修饰，具体属性如附表 B-5 所示。

附表 B-5　CSS 颜色属性

属　　　性	描　　述	值
color	（文本）前景色	颜色（颜色名称、RGB 或 HEX）
background-color	元素的背景色	颜色（颜色名称、RGB 或 HEX）

2. 字体属性

字体属性主要用来对字体进行修饰，具体属性如附表 B-6 所示。

附表 B-6　CSS 字体属性

属　　　性	描　　述	值
font-family	所用字体	字体名称，如"宋体"、"黑体"
font-size	字体大小	单元值，百分比，命名值
font-style	是否倾斜	normal, italic, oblique
font-weight	是否加粗	normal, bold, bolder, lighter, inherit, 100-900
font-variant	设定小型大写字母	normal, small-caps, inherit
Font	设置所有字体属性	style, weight, size, family

3. 文本属性

文本属性主要用来对文本进行修饰，具体属性如附表 B-7 所示。

附表 B-7　CSS 文本属性

属　　　性	描　　述	值
text-align	行内容对齐	left, center, right, justify
text-decoration	添加下画线	underline, overline, line-through, blink, none
text-indent	首行缩进	px, pt, %, em
text-transform	修改文本大小写	capitalize, uppercase, lowercase
line-height	设置行高	px, pt, %, em
letter-spacing	设置字符间距	px, pt, %, em
word-spacing	设置字间距	px, pt, %, em

4. 背景属性

背景属性主要用来对背景进行修饰，具体属性如附表 B-8 所示。

附表 B-8　CSS 背景属性

属　　　性	描　　述	值
background-color	背景颜色	颜色（名称、RGB、HEX）
background-image	背景图片	url("图片 URL")
background-position	背景图片起始位置	水平位置　垂直位置　或 x% y%
background-repeat	是否及如何重复背景图片	repeat, repeat-x, repeat-y, no-repeat

属　　性	描　　述	值
background-attachment	背景图片是否固定或者随着页面的其余部分滚动	fixed, scroll
background	简写属性，在一个声明中设置所有背景属性	#ff0000 url(/i/eg_bg_03.gif) no-repeat fixed center

B.13　ID 选择器

ID 选择器可以为标有特定 ID 的 HTML 元素指定特定的样式。ID 选择器以 "#" 来定义。

下面的两个 ID 选择器，第一个可以定义元素的颜色为红色，第二个定义元素的颜色为绿色：

```
#red   {color:red;}
#green {color:green;}
```

下面的 HTML 代码中，id 属性为 red 的 p 元素显示为红色，而 ID 属性为 green 的 p 元素显示为绿色。

```
<p id="red">这个段落是红色。</p>
<p id="green">这个段落是绿色。</p>
```

需要特别注意的是，ID 属性只能在每个 HTML 文档中出现一次。 即每个 ID 必须唯一，每个页面仅能用一次。

B.14　类　选　择　器

在 CSS 中，类选择器以一个点号显示，请看示例：

```
.center {text-align: center}
```

在上面的例子中，所有拥有 center 类的 HTML 元素均为居中。

在下面的 HTML 代码中，h1 和 p 元素都有 center 类。这意味着两者都将遵守 ".center" 选择器中的规则。

```
<h1 class="center">
This heading will be center-aligned
</h1>

<p class="center">
This paragraph will also be center-aligned.
</p>
```

需要注意的是，类名的第一个字符不能使用数字，它无法在部分浏览器中起作用。

B.15 伪 类

CSS 伪类用于向某些选择器添加特殊的效果。CSS 中常见的伪类如附表 B-9 所示。

附表 B-9 伪类选择器

属　性	描　述
:active	向被激活的元素添加样式
:hover	当鼠标悬浮在元素上方时，向元素添加样式
:link	向未被访问的链接添加样式
:visited	向已被访问的链接添加样式

请看下面的 HTML 代码：

```
<p><b><a href="/index.html" target="_blank">这是一个链接。</a></b></p>
<p><b>注释：</b>在 CSS 定义中，a:hover 必须位于 a:link 和 a:visited 之后，这样才
能生效！</p>
<p><b>注释：</b>在 CSS 定义中，a:active 必须位于 a:hover 之后，这样才能生效！</p>
```

其中用到的 CSS 如下：

```
a:link {color: #FF0000}
a:visited {color: #00FF00}
a:hover {color: #FF00FF}
a:active {color: #0000FF}
```

请读者自己动手观察该页面的输出及发生动作后的输出效果。

本附录为读者介绍了 HTML 和 CSS 中最基本的元素和用法，对于两者来说，其用法
非常广泛，由于篇幅所限，在此不过多地介绍两者的其他内容。读者若需要了解 HTML 和
CSS 的更多用法，请查阅相关资料。

C#语言编程

C.1 C#语言概述

2000 年，Microsoft 公司推出了 C#编程语言。C#源于 C、C++和 Java，采众家之长并增加了自己的新特性。C#是面向对象的，包含强大的预建组件类库，使程序员可以迅速地开发程序。Visual C#是事件驱动的可视化编程语言，程序在集成开发环境（IDE）中创建，编写的程序能够响应定时器和用户启动的事件。利用 IDE，程序员可以方便地生成、测试和调试 C#程序。

C.1.1 C#的类型体系

C#类型体系划分为值类型和引用类型，如附表 C-1 所示。值类型分为简单类型、枚举类型和结构类型，其中简单类型包括整型、字符型、浮点型、布尔型等。值类型的变量直接包含它们的数据，而引用类型的变量存储对它们的数据的引用。引用类型也称为对象。对于引用类型，两个变量可能引用同一个对象，因此对一个变量的操作可能影响另一个变量所引用的对象。对于值类型，每个变量都有它们自己的数据副本（除 ref 和 out 参数变量外），因此对一个变量的操作不可能影响另一个变量。

附表 C-1 C#的类型体系

类 别		说 明
值类型	简单类型	有符号整型：sbyte，short，int，long
		无符号整型：byte，ushort，uint，ulong
		Unicode 字符：char
		IEEE 浮点型：float，double
		高精度小数：decimal
		布尔型：bool
	枚举类型	enumE{...}形式的用户定义的类型
	结构类型	structS{...}形式的用户定义的类型
引用类型	类类型	所有其他类型的最终基类：object
		Unicode 字符串：string
		classC{...}形式的用户定义的类型
	接口类型	interfaceI{...}形式的用户定义的类型
	数组类型	一维和多维数组，例如 int[]和 int[,]
	委托类型	delegateTD(...)形式的用户定义的类型

1. 简单数据类型

（1）数值型

数值型如附表 C-2 所示。

附表 C-2　C#的数值类型

类　别	位数	类　型	范围/精度
有符号整型	8	sbyte	$-128\sim127$
	16	short	$-32\,768\sim32\,767$
	32	int	$-2\,147\,483\,648\sim2\,147\,483\,647$
	64	long	$-9\,223\,372\,036\,854\,775\,808\sim9\,223\,372\,036\,854\,775$
无符号整型	8	byte	$0\sim255$
	16	short	$0\sim65\,535$
	32	uint	$0\sim4\,294\,967\,295$
	64	ulong	$0\sim18\,446\,744\,073\,709\,551\,615$
浮点数	32	float	$1.5\times10^{-45}\sim3.4\times10^{38}$，7 位精度
	64	double	$5.0\times10^{-324}\sim1.7\times10^{308}$，15 位精度
小数	128	decimal	$1.0\times10^{-28}\sim7.9\times10^{28}$，28 位精度

（2）字符型（char）

C#中的字符来自 Unicode 字符集。每个 char 数据占 16 位（2 个字节）。

（3）布尔型（bool）

布尔型只有 true 和 false 两个常量。每个 bool 数据占 8 位（1 个字节）。

2. 引用类型

（1）数组

一维数组定义如下：

```
类型[] 数组名=new 类型[ 数组长度 ];
```

例如，定义 5 个元素的一维整型数组 a 如下：

```
int [] a=new int[5];
```

二维数组（矩阵结构）定义如下：

```
类型[,] 数组名=new 类型[ 行数,列数 ];
```

例如，定义 m 行 n 列的双精度型数组 b 如下（其中 m，n 为允许变量）：

```
double [,] b=new double[m,n];
```

交错数组定义：交错数组是元素为数组的数组，交错数组元素的长度可以不同。利用交错数组可以更有效地使用内存空间。

例如，声明并创建一个由三个元素组成的一维数组，其中每个元素都是一个一维整数数组，且第一个数组元素有 5 个元素，第二个数组元素有 4 个元素，第三个数组元素有 2 个元素。如下：

```
int[][] x = new int[3][]; //交错数组声明
```

```
x[0] = new int[5];
x[1] = new int[4];
x[2] = new int[2];
```

（2）类

类的声明如下：

```
类修饰符 class 类名 [:基类名]
{
    成员声明；
    方法声明；
}
```

对象的定义（创建实例）如下：

```
类名 对象名=new 类名();
```

（3）常用类

String 类——字符串类；

控制台类——Console 类；

类型转换类——Convert 类；

数学类——Math 类；

各种控件类——TextBox、Button、Label 等。

C.1.2　C#的流程控制语句

C#的流程控制语句分为分支结构语句（if,switch）、循环结构语句（for,while,do...while,foreach）和其他控制语句。

1. 分支结构语句

（1）if 语句

形式一：

```
if(条件)语句块
```

形式二：

```
if（条件）
  语句块 1
else
  语句块 2
```

形式三：

```
if（条件 1）
  语句块 1
else if（条件 2）
  语句块 2
  ...
```

```
else if（条件 m）
    语句块 m
else
    语句块
```

（2）switch 语句

```
switch（常量表达式）
{
 case 常量表达式 1:
        语句块 1;
            break;
 case 常量表达式 2:
        语句块 2;
        break;
          …
default: 语句块;
        break;
}
```

2. 循环结构语句

（1）while 语句

```
while(条件)
 {
    循环体
 }
```

（2）do…while

```
do{
  循环体
} while(条件);
```

（3）for 语句

```
for(初值表达式;循环条件;增量表达式)
 {
    循环体
 }
```

（4）foreach 语句——适合对数组的访问

```
foreach(类型 循环变量 in 数组名或集合对象)
{
    循环体
}
```

3. 其他控制语句

（1）break 语句

```
break;
```

break 语句与循环语句和 switch 语句配合使用，其功能为跳出所在的语句块。

（2）continue 语句

```
continue;
```

continue 语句与循环语句配合使用，其功能为结束本次循环体的执行，进入下一次循环。

（3）try…catch 语句

```
try{
     检测的语句块
}
catch(异常类型 1 变量)
{
   处理块 1
}
catch(异常类型 2 变量)
{
   处理块 2
}
…
```

C.2　Visual Studio 集成环境软件安装

Microsoft Visual Studio.NET 是 C#常用的开发工具。Visual Studio 2017（以下简称 VS2017）社区版是微软最新发布的免费 Visual Studio 版本，适用于创建 Android、iOS、Windows 和 Web 版本的应用程序。下面介绍 VS2017（社区版）集成开发环境的下载与安装过程[1]。

（1）VS2017 的环境要求

操作系统要求：Windows 7、Windows 8 及以上版本。

硬件要求：处理器 1.6GHz 及以上，内存 1GB 及以上，硬盘 20GB 及以上。

（2）通过官方网站下载与安装

① 打开网址 https://www.visualstudio.com/zh-hans/downloads/。

打开网页后，在"Visual Studio 下载"页面中单击 Visual Studio Community "免费下载"按钮，下载安装 VS2017 社区版的引导文件 "vs_community_……exe"，如附图 C-1 所示。

② 双击已下载的引导文件 vs_community__2034873183.1495430852.exe,选择安装组件以及安装路径，操作界面如附图 C-2 所示。

③ 单击"安装"按钮，界面如附图 C-3 所示，表示正在安装中。安装所需时间与机器配置及网速有关。

---

1 已装有 VS2013、VS2015 的机器不必安装 VS2017；VS2017 的基本使用方法与 VS2013、VS2015 相同。本书例题均在 VS2013 中完成。

附图 C-1　下载安装 VS2017 社区版的引导文件

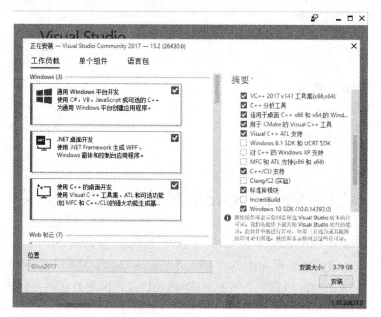

附图 C-2　选择安装组件

附图 C-3　正在安装

④ 安装完成，界面如附图 C-4 所示。

附图 C-4 VS2017 社区版安装完成

⑤ 单击"启动"按钮，运行 VS2017，初始界面如附图 C-5 所示。

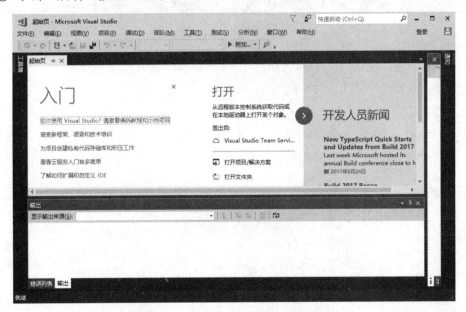

附图 C-5 VS2017 社区版集成环境界面

C.3 Visual Studio 集成环境使用

本附录仅讨论 C#中的两类编程：控制台程序和 Windows 窗体程序。使用控制台程序，其程序的输入和输出是文本，都位于控制台窗口。在 Windows 系统中，控制台窗口波称为命令提示符。

下面将示例如何使用 Visual Studio 2013 创建一个完整的 C#控制台程序。

例 C-1 控制台程序示例。输入圆的半径，计算圆面积并输出。

（1）启动 Visual Studio 2013，如附图 C-6 所示。选择"新建项目"（也可以在菜单文件中选择"新建"→"项目"）。

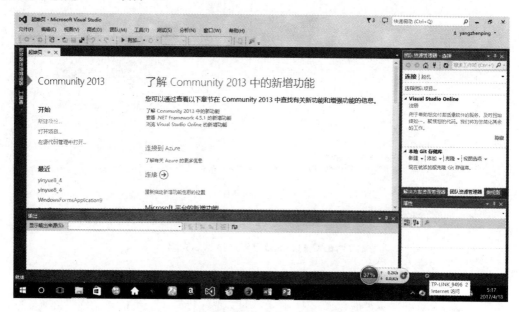

附图 C-6　Visual Studio 2013 集成环境窗口

（2）在弹出的对话框中，选择 Visual C#→"控制台应用程序"，并给出一个合适的名称，然后单击"确定"按钮，如附图 C-7 所示。

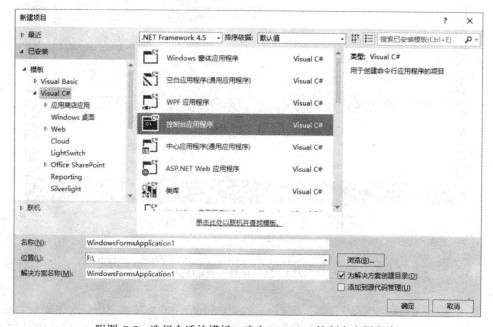

附图 C-7　选择合适的模板，建立 Visual C#控制台应用程序

（3）在随后出现的窗口中，Visual Studio 创建了文件 program.cs，并在里面添加了一些代码，如附图 C-8 所示。

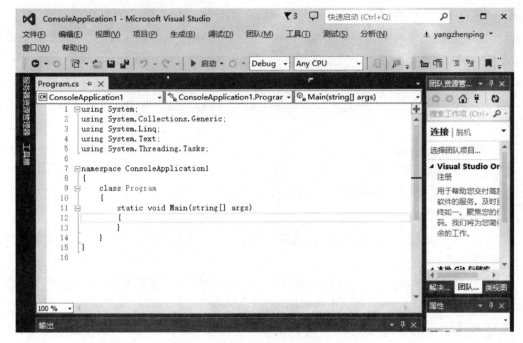

附图 C-8　代码框架

（4）下面补充输入完整的程序，以下是程序的全部代码：

```
 1:  using System;
 2:  using System.Collections.Generic;
 3:  using System.Linq;
 4:  using System.Text;
 5:  using System.Threading.Tasks;
 6:
 7:  namespace ConsoleApplication1
 8:  {
 9:      class Program
10:      {
11:      static void Main(string[] args)
12:      {
13:          double r, s;
14:          Console.Write("r=");
15:          r =Convert.ToDouble(Console.ReadLine());
16:          s = Math.PI * r * r;
17:          Console.WriteLine("s={0}", s);
18:      }
19:      }
20: }
```

程序第 1 行到第 5 行是对名字空间的引用，第 7 行将本项目的所有元素都组织到了名字空间 ConsoleApplication1 中，该名字空间是在创建项目时使用的项目名称。在本项目中仅有 1 个类。在 Class Program 中含有方法 Main，对于每一个 C#程序，至少应该含有一个 Main 方法，它是整个程序执行的起点。同时注意到 Main 方法的前面有一个 static 的修饰符，含有 static 修饰的方法，不需要实例化，可以直接执行。

在 Main 中，第 13 行定义两个双精度型变量半径 r 和面积 s，第 15 行为半径 r 读值，第 16 行计算圆面积 s，第 17 行输出。编写好程序后，按下 Ctrl+F5 键观看程序的运行结果。

例 C-2 Windows 窗体程序示例。

在窗体中建立两个文本框和一个按钮。在一个文本框中输入圆的半径，单击"计算"按钮，会触发事件 Click，为该事件编写代码，计算圆面积，并在另一文本框中显示圆面积。按照以下步骤来完成程序。

（1）启动 Visual Studio 2013，如附图 C-6 所示。选择"新建项目"（也可以在菜单文件中选择"新建"→"项目"）。

（2）在弹出的对话框中，选择 Visual C#→"Windows 窗体应用程序"，并给出一个合适的名称，然后单击"确定"按钮，如附图 C-9 所示。

（3）在 Form1 窗体上放置两个文本框控件和一个按钮控件，同时放置两个 Label 标签控件标识两个文本框。

附图 C-9　选择合适的模板，建立 Visual C#窗体应用程序

操作方法：从控件工具箱中选择需要的控件，拖动到窗体上即可（或双击该控件）。选中控件后可以调整控件的大小和位置。右击控件选择属性，按附表 C-3 进行属性设置。

设置完成后，窗体界面如附图 C-10 所示。

附表 C-3 控件属性设置

控 件 类 型	控 件 名 称	属　　性	设 置 结 果
Form	Form1	Text	计算圆面积
TextBox	textR	Name	textR
TextBox	textS	Name	textS
		ReadOnly	True
Button	btCal	Name	btCal
		Text	计算
Label	labR	Name	labR
		Text	半径
Label	labS	Name	labS
		Text	面积

　　（4）在"计算"按钮上单击右键，再次打开"属性"对话框，然后切换到事件列表，如附图 C-11 所示。

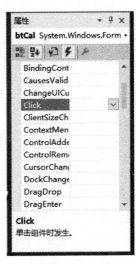

附图 C-10　计算圆面积的窗体界面　　　　附图 C-11　按钮控件事件列表

　　选择 Click，这是当前将要处理的事件。在 Click 的右侧双击添加事件处理程序，Visual Studio 2013 自动在代码窗口添加处理该事件的代码框架，在事件处理方法中添加代码：

```csharp
private void btCal_Click(object sender, EventArgs e)
{
    double r = Convert.ToDouble(textR.Text);
    double s;
    s = Math.PI * r * r;
    textS.Text = string.Format("{0:f3}", s); //保留 3 位小数
}
```

（5）运行程序，在半径文本框中输入圆半径，单击"计算"按钮，将在面积文本框中看到计算结果。

C.4　应 用 案 例

例 C-3　编写控制台程序，完成表达式的计算。

输入算术表达式，根据不同的运算符号计算表达式的值（只允许+、−、*和/四种运算）。如：

输入：12.5+24.1

输出：12.5+24.1=36.6

涉及知识点：基本数据类型，输入输出（使用 Console 类的读写方法）；分支结构（if,switch）;，String 类与字符串处理，Convert 类与类型转换等。特别注意 C#如何解决输入行中的多个数据问题。

关键技术：分离以+、−、*或/运算符分隔的两个数据。

代码如下：

```
string str;                              //接收一行字符串
char[] ops =new char[]{'+','-','*','/'};    //允许的分隔符
string[] split;                          //存放分隔出的每个数据（字符串）
Console.WriteLine("请输入算术表达式：");
str = Console.ReadLine();                 //输入字符串
split = str.Split(ops);                   //分离数据并依次存放到字符串数组 split 中
double a,b;                               //存放转换后的两个数
a = Convert.ToDouble(split[0]);
b = Convert.ToDouble(split[1]);
char op;                                  //存放运算符号
int i;
for ( i = 0; i < ops.Length;i++)
{
    if (str.IndexOf(ops[i]) != -1)       //确定运算符号的位置
    {
        op = ops[i];
        break;
    }
}
If(i== ops.Length)
{
    Console.WriteLine("算术表达式输入错误！");
    System.Environment.Exit(0);          //结束程序运行
}
```

程序代码如下：

```
01: using System;
02: using System.Collections.Generic;
03: using System.Linq;
04: using System.Text;
05: using System.Threading.Tasks;
06: //笔记本 E:\杨振平\ ConsoleApplication1
07: namespace ConsoleApplication1
08: {
09:     class Expressions          //类
10:     {
11:         private double a, b; //字段
12:         private char op;      //字段
13:         public double A        //属性
14:         {
15:             get
16:             {
17:                 return a;
18:             }
19:             set
20:             {
21:                 a = value;
22:             }
23:         }
24:         public double B        //属性
25:         {
26:             get
27:             {
28:                 return b;
29:             }
30:             set
31:             {
32:                 b = value;
33:             }
34:         }
35:         public char OP         //属性
36:         {
37:             get
38:             {
39:                 return op;
40:             }
41:             set
42:             {
```

```
43:                op = value;
44:            }
45:        }
46:        public double Cal()    //方法
47:        {
48:            double c = 0.0;
49:            switch (op)
50:            {
51:                case '+': c = a + b; break;
52:                case '-': c = a - b; break;
53:                case '*': c = a * b; break;
54:                case '/': c = a / b; break;
55:            }
56:            return c;
57:        }
58:    }
59:    class Program                        //类
60:    {
61:        static void Main(string[] args)   //主方法
62:        {
63:            Expressions obj = new Expressions();
64:            string str;
65:            string[] split;
66:            char[] ops =new char[]{'+','-','*','/'};//允许的算术运算
67:            try
68:            {
69:                Console.WriteLine("请输入算术表达式: ");
70:                str = Console.ReadLine();
71:                split = str.Split(ops);
72:                obj.A = Convert.ToDouble(split[0]);
73:                obj.B = Convert.ToDouble(split[1]);
74:                for (int i = 0; i < ops.Length; i++)
75:                {
76:                    if (str.IndexOf(ops[i]) != -1) //确定运算符号的位置
77:                    {
78:                        obj.OP = ops[i];
79:                        break;
80:                    }
81:                }
82:            Console.WriteLine("{0}{1}{2}={3}", obj.A, obj.OP, obj.B, obj.Cal());
83:            }
84:            catch
85:            {
```

```
86:                Console.WriteLine("算术表达式输入错误！");
87:                System.Environment.Exit(0);//退出执行
88:            }
89:        }
90:    }
91: }
```

代码说明：

程序第 1 行到第 5 行是对名字空间的引用，第 7 行将本项目的所有元素都组织到了名字空间 ConsoleApplication1 中，该名字空间是在创建项目时使用的项目名称。在本项目中含有两个类 Expression 和 Program。其中第 9~58 行是 Expression 的内容，描述两个数值的算术运算，定义有三个字段以及对应的属性和一个算术运算方法。第 59~89 行是 Program 类的内容，其中 Main 方法中第 63 行创建类 Expression 的对象 obj，第 67~88 行使用异常处理机制，当输入表达式错误时，则输出提示信息并退出程序执行，其中 71~81 行分离输入字符串（即算术表达式）中的数据和运算符号，并用于 obj 的初值。第 82 行通过 obj 访问方法 Cal 计算并输出计算结果。

输入输出样例： 如附图 C-12 所示。

附图 C-12　表达式计算的输入输出格式

例 C-4　编写控制台程序，分段统计考试成绩人数并以字符图形显示结果。

随机产生 n 个 0~100 以内的学生成绩数据，按分数段分别统计学生人数（分数段划分方法：90 分以上，80~89 分，70~79 分，60~69 分以及 60 分以下），并以字符图形显示统计结果。

例如 74 人的成绩分布图如下：

```
===================================
90~100: *****
80~89: **************
70~79: *************************
60~69: ************
0~59: *******
===================================
```

涉及知识点： 数组、循环控制结构、构造方法以及随机数类 Random 的使用。

关键技术：

（1）为合理起见，该程序限制 90 分以上成绩个数不超过 15%，而 60 分以下成绩个数不超过 10%。

假设产生 n 个成绩数据，代码如下：

```
int[] arr = new int[n]; //定义 n 个元素的成绩数组
Random r = new Random(); //创建随机数类对象
int yx = 0, bjg = 0;   //统计优秀和不及格人数
int k1,k2;
k1=(int)(0.15*n);    //限制 90 分以上成绩数（不超过 15%）
k2 = (int)(0.1 * n);   //限制 60 分以下成绩数（不超过 10%）
int i = 0;
while(i<n)
 {
int t = r.Next(101);//随机数在 0～100 之间
  if (t >= 90 && yx>=k1)continue;
  if (t < 60 && bjg >=k2) continue;
  arr[i] = t;
  if (arr[i] >= 90) yx++;
  if (arr[i] < 60) bjg++;
  i++;
 }
```

（2）数组分段统计。

将成绩数组 arr，分别按 0～9，10～19，20～29，…，60～69，70～79，80～89，90～99，100 共 11 段统计，结果存放在 tj 数组中，其中 tj[0]～tj[5] 中为不及格数，tj[6] 为 60～69 之间的成绩数，…，tj[9] 为 90～99 之间的成绩数，tj[10] 为 100 分的成绩数。

```
int[] tj = new int[11];//定义存放各分数段人数数组
for (int i = 0; i < arr.Length; i++)
 {
     tj[arr[i] / 10]++;
 }
```

（3）以字符图形显示统计结果。

输出格式设计如下：

```
90～100：*****
80～89：**************
70～79：***********************
60～69：***********
0～59：*******
```

其中，每行的 * 个数表示该分数段的成绩数。

代码如下：

```
for (int i = 10; i >= 0; i--)
{
    if (i == 10)
        Console.Write( " 90-100:");
    else if( i>=6 && i<9 )
        Console.Write(" {0}- {1}:",i*10,i*10+9);
    else if(i==5)
        Console.Write(" 0- 59:");
    for (int j = 1; j <= tj[i]; j++)
        Console.Write("*");
    if(i>5 && i!=10)
        Console.WriteLine();
}
```

程序代码如下：

```
01: using System;
02: using System.Collections.Generic;
03: using System.Linq;
04: using System.Text;
05: using System.Threading.Tasks;
06: //笔记本 E:\杨振平\ ConsoleApplication2
07: namespace ConsoleApplication2
08: {
09:     class Program
10:     {
11:         private int n; //考生人数
12:         private int[] arr; //考生成绩数组
13:         public Program(int n) //构造方法
14:         {
15:             this.n = n;
16:             arr = new int[n];
17:             Random r = new Random();
18:             int yx = 0, bjg = 0;  //统计优秀和不及格人数
19:             int k1,k2;
20:             k1=(int)(0.15*n);     //假设优秀率不超过15%
21:             k2 = (int)(0.1 * n); //假设不及格率不超过10%
22:             int i = 0;
23:             while(i<n)
24:             {
25:                 int t = r.Next(101);//随机数在 0~100 之间
26:                 if (t >= 90 && yx>=k1)continue;
27:                 if (t < 60 && bjg >=k2) continue;
28:                 arr[i] = t;
29:                 if (arr[i] >= 90) yx++;
```

```
30:              if (arr[i] < 60) bjg++;
31:              i++;
32:          }
33:      }
34:      public void tongji()
35:      {
36:          int[] tj = new int[11];//定义存放各分数段人数的数组
37:          for (int i = 0; i < arr.Length; i++)
38:          {
39:              tj[arr[i] / 10]++;
40:          }
41:          //输出
42:          Console.WriteLine("\t 成绩分布图");
43:          Console.WriteLine(" ===================================");
44:          for (int i = 10; i >= 0; i--)
45:          {
46:              if (i == 10)
47:                  Console.Write( " 90- 100:");
48:              else if( i>=6 && i<9 )
49:                  Console.Write(" {0}- {1}:",i*10,i*10+9);
50:              else if(i==5)
51:                  Console.Write("  0- 59:");
52:              for (int j = 1; j <= tj[i]; j++)
53:                      Console.Write("*");
54:              if(i>5 && i!=10)
55:                  Console.WriteLine();
56:          }
57:          Console.WriteLine();
58:          Console.WriteLine(" ===================================\n");
59:      }
60:      static void Main(string[] args)
61:      {
62:          int n;
63:          Console.Write("\n 考试人数：");
64:          n = Convert.ToInt32(Console.ReadLine());
65:          Console.WriteLine();
66:          Program x = new Program(n);
67:          x.tongji();
68:      }
69:  }
70: }
```

代码说明：

第 11 行和第 12 行声明两个字段：考生人数 n 和考生成绩数组（一维数组）arr。第 13~

33 行为带参构造方法，该方法完成字段的初始化，为合理起见该程序限制 90 分以上成绩个数不超过 15%，而 60 分以下成绩个数不超过 10%；第 34~59 行为统计方法（tongji），其中第 34~40 行完成成绩数组分段统计，第 41~58 行以字符图形显示统计结果；在 Main 方法中，第 65 行读入学生人数，第 66 行创建主类对象，第 67 行通过对象调用统计方法。

运行结果如附图 C-13 所示。

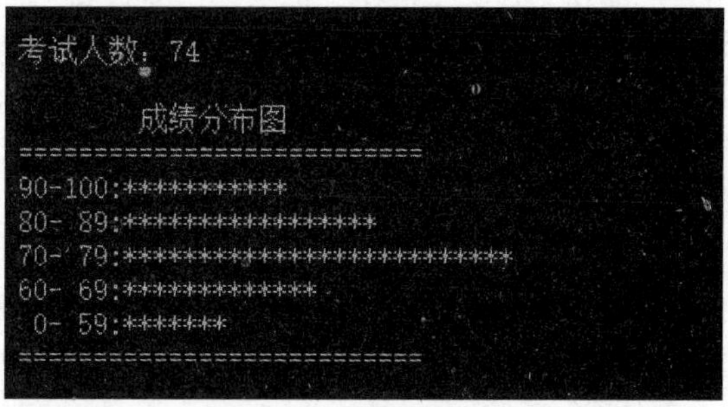

附图 C-13　分段统计考试成绩的运行结果

例 C-5　编写窗体程序，模拟交通信号灯。

在文本框中绘制红绿黄三种信号灯，单击"开始"按钮，信号灯工作，并按绿、黄、红、黄、绿、黄…顺序亮灯，信号灯时间间隔为 4 秒。

涉及知识点：窗体、基本控件、计时器控件、控件中绘图。

关键技术：计时器组件（Timer）的 Tick 事件设计。

功能：控制信号灯颜色变化，显示倒计时时间。

```csharp
private void timer1_Tick(object sender, EventArgs e)
{
    清除时间显示区；(FillRectangle)
    显示倒计时时间；(DrawString)
        /* 切换信号灯，设 N 为信号灯设定的显示时间，m 为某信号灯持续的时间，当 m 与 N 相等
           时，则需更换信号灯，并令 m=0。
        */
    if (m == N)
    {
        if (s == s1) //若信号灯状态为绿色
        {
            g.FillEllipse(s4, px + 5, py1, tw, tw);        //绿灯变灰色
            g.FillEllipse(s3, 2 * px + 5, py1, tw, tw);    //黄灯点亮
            flag = 1;                                       //绿色灯标志
            s = s3;                                         //重置信号灯状态为黄色
        }
        else if (s == s2)                                   //若信号灯状态为红色
        {
            g.FillEllipse(s4, 5, py1, tw, tw);              //红灯变灰色
            g.FillEllipse(s3, 2 * px + 5, py1, tw, tw); //黄灯点亮
```

```
        flag = 2;                                    //红色灯标志
         s = s3;                                      //重置信号灯状态为黄色
      }
      else if (s == s3)                              //若信号灯状态为黄色
      {
          if (flag == 1)
          {
              g.FillEllipse(s2, 5, py1, tw, tw);     //红灯点亮
              s = s2;                                //重置信号灯状态为红色
          }
          else
          {
              g.FillEllipse(s1, px + 5, py1, tw, tw);//绿灯点亮
              s = s1;                                //重置信号灯状态为绿色
          }
          g.FillEllipse(s4, 2 * px + 5, py1, tw, tw);//黄灯变灰色
      }
      m=0;                                           //持续计数器清零
   }
   m++;                                              //持续时间增加 1 秒
   n = n > 0 ? n - 1 : N - 1;                        //n 为倒计时时间
}
```

创建过程如下。

（1）启动 Visual Studio 2013，选择"新建项目"，在弹出对话框中，选择 Visual C#→"Windows 窗体应用程序"，并给出合适的名称，然后单击"确定"按钮，如附图 C-14 所示。

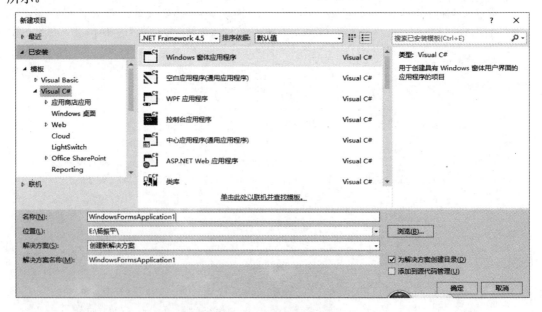

附图 C-14 "新建项目"对话框

（2）设置窗体控件以及控件属性。在工具箱中拖动文本框控件到窗体，设置文本框属性 Multiline 值为 True，使用默认的名称 TextBox1。拖动按钮控件，设置按钮框属性 Text 值为"开始"；拖动计时器组件到窗体中，默认名称为 Timer1，适当调整各控件位置及大小，如附图 C-15 所示。

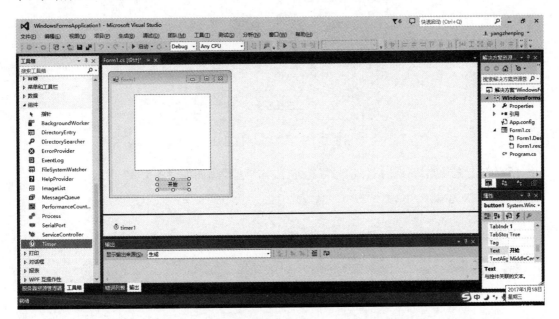

附图 C-15　窗体界面

（3）添加代码。

右击 Form1 窗体，选择"查看代码"。

① 在 Form1 类中添加如下字段成员：

```
const int N = 4;//延迟时间（秒）
int px, py, py1;
int n = N - 1;
int m = 0, tw;
int flag;
Graphics g;
SolidBrush s1, s2, s3, s4, s; //画刷
    …
}
```

② 给窗体 Form1 添加 Load 事件。

③ 给窗体 Form1 添加 Paint 事件。

④ 给计时器 Timer1 添加 Tick 事件。

⑤ 给按钮 Button1 添加 Click 事件。

（4）代码添加后，单击"启动"按钮或按 Ctrl+F5 键，程序显示如附图 C-16 所示。

附图 C-16　模拟交通信号灯

（5）单击"开始"按钮后，信号灯正常工作，运行画面如附图 C-17 所示。

附图 C-17　信号灯状态转换

程序代码如下：

```csharp
using System;
using System.Collections.Generic;
using System.ComponentModel;
using System.Data;
using System.Drawing;
using System.Linq;
using System.Text;
using System.Threading.Tasks;
using System.Windows.Forms;
//在文本框中画图
namespace 模拟红绿灯
{
    public partial class Form1 : Form
    {
        const int N = 4;//延迟时间（秒）
        int px, py,py1;
        int n = N-1;
```

```csharp
int m=0, tw;
int flag;
Graphics g;
SolidBrush s1, s2, s3, s4,s; //画刷
public Form1()
{
   InitializeComponent();
}
private void Form1_Load(object sender, EventArgs e)
{
   s1 = new SolidBrush(Color.Green);
   s2 = new SolidBrush(Color.Red);
   s3 = new SolidBrush(Color.Yellow);
   s4 = new SolidBrush(Color.Gray);
   px = textBox1.Width / 3;
   py = textBox1.Height / 2;
   tw = textBox1.Width / 4;
   py1 = py - tw / 2;
   s = s1;
   g = textBox1.CreateGraphics();//在文本框上绘图
   timer1.Interval = 1000;
}
private void Form1_Paint(object sender, PaintEventArgs e)
{
   g.DrawString("红绿灯", new Font("隶书", 20, FontStyle.Bold), new
   SolidBrush(Color.Black),new PointF(px-20, 15));
   g.FillEllipse(s4, 5, py1, tw, tw);
   g.FillEllipse(s1, px+5, py1, tw, tw);
   g.FillEllipse(s4, 2*px+5, py1, tw, tw);
}
private void button1_Click(object sender, EventArgs e)
{
   timer1.Start();    //启动计时器
}
private void timer1_Tick(object sender, EventArgs e)
{

   g.FillRectangle(new SolidBrush(Color.White), textBox1.Width /
   2 - 15, textBox1.Height - 50, 30, 40);//清除显示区
   g.DrawString(n.ToString(), new Font("宋体", 25, FontStyle.Bold),
   new SolidBrush(Color.Brown), new PointF(textBox1.Width / 2 - 15,
   textBox1.Height - 50));
   if (m == N)
```

```
    {
        if (s == s1)
        {
            g.FillEllipse(s4, px + 5, py1, tw, tw);
            g.FillEllipse(s3, 2 * px + 5, py1, tw, tw);
            flag = 1;//绿色灯
            s = s3;
        }
        else if (s == s2)
        {
            g.FillEllipse(s4, 5, py1, tw, tw);
            g.FillEllipse(s3, 2 * px + 5, py1, tw, tw);
            s = s3;
            flag = 2;//红色灯
        }
        else if (s == s3)
        {
            if (flag == 1)
            {
                g.FillEllipse(s2, 5, py1, tw, tw);
                s = s2;
            }
            else
            {
                g.FillEllipse(s1, px + 5, py1, tw, tw);
                s = s1;
            }
            g.FillEllipse(s4, 2 * px + 5, py1, tw, tw);
        }
        m=0;
    }
    m++;
    n = n > 0 ? n - 1 : N - 1;
    }
    }
}
```

思考： 若红灯、绿灯需要延迟 10 秒，黄灯需要延迟 3 秒，如何修改程序？

例 C-6 读出磁盘上的目录和文件。

程序在启动后，将在 Combox 控件中显示所有的驱动器列表。选择了一个驱动器后，将在左边目录的 ListBox 控件中显示该驱动器下的所有文件夹，在右边的 ListBox 控件中显示所有该驱动器下的文件。窗体设计如附图 C-18 所示。

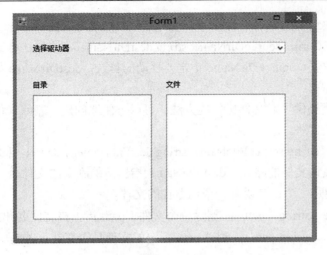

附图 C-18 读出磁盘目录和文件的窗体界面

如果在目录的 ListBox 控件中对某个目录双击,则目录的 ListBox 控件将列出该目录下的文件夹,同时右边的 ListBox 控件列出该目录下的文件。在窗体上添加一个 ComBox 控件和两个 ListBox 控件。以合适的名字为这三个控件的 Name 属性命名。将 ComBox 控件的 DropDownStyle 属性设置为 DropDownList。Label 控件对每个控件的用途加以说明。由于需要在程序启动后便在 Combox 中列出计算机中的所有驱动器,因此对 Form 窗体的 Load 事件编写代码,该事件在窗体加载时被触发。接着为 ComBox 的 SelectedIndexChange 和 ListBox 的双击事件编写代码。

涉及知识点:列表框、组合框控件以及目录、路径和文件类。

关键技术:

(1)目录操作

Directory 类提供了操作一个目录所需要的大部分方法,Directory 类中的方法全部是静态的。常用的方法如下。

① DirectoryInfo CreateDirectory(string Path);该方法按照 Path 所指定的路径创建一个新的目录。如果 Path 指定的路径格式不对,或者不存在等错误均会引发异常。最好将该方法置于 try 语句中。

② void Delete(string Path,bool recursive);该方法删除 Path 所指定的目录。如果 recursive 为 false,则仅当目录为空时删除该目录。若为 true,则删除目录下的所有子目录和文件。

③ bool Exists(string Path);该方法测试 Path 所指定的目录是否存在。若存在,则返回 True。反之返回 False。

④ string[] GetDirectories(string Path);该方法得到 Path 所指定的目录中包含的所有子目录。结果以字符串数组的形式返回,数组中的每一项对应一个子目录。

⑤ string[] GetFiles(string Path);该方法得到 Path 所指定的目录中包含的所有文件,结果以字符串数组的形式返回,数组中的每一项对应一个文件名。

⑥ string[] GetLogicalDrives();该方法得到计算机中所有驱动器名称,结果以字符串数

组的形式返回，数组中的每一项对应一个驱动器号，格式为"驱动器号:\"。

⑦ void Move（string sourceDirName, string destDirName）；该方法将一个目录中的内容移动到一个新的位置。sourceDirName 指定要移动的目录，destDirName 指定移动到何处。

（2）文件操作

静态的 File 类提供了对文件操作的方法。可以方便地创建、删除、移动或复制文件。以下是常用的一些方法。

① void Copy（string sourceFileName, string destFileName）；sourceFileName 指出要复制文件的文件名以及该文件的路径，destFileName 指出新的副本的文件名可以带有路径。但destFileName 不能是一个目录或者一个已存在的文件。

② void Delete（string path）；删除一个文件。path 指出该文件名和路径。

③ bool Exists（string path）；测试 path 指定的文件是否存在。若是，返回 True，否则返回 False。

④ void Move（string sourceFileName, string destFileName）；将文件由位置 sourceFileName 处移动到新位置 destFileName 处。

⑤ DateTime GetCreationTime（string path As String）；返回由 path 所指定文件的创建日期和时间。类似的还有 GetLastAccessTime，返回上次访问指定文件的日期和时间。GetLastWriteTime 返回上次写入指定文件或目录的日期和时间。

（3）路径操作

静态的 Path 类提供对路径做一些处理，常用的方法有：

① string ChangeExtension；更改路径字符串的扩展名。

② string Combine(String[])；将字符串数组组合成一个路径。

③ string GetDirectoryName(string path)；返回指定路径字符串的目录信息。

④ string GetExtension(string path)；返回指定的路径字符串的扩展名。

⑤ string GetFileName(string path)；返回指定路径字符串的文件名和扩展名。

⑥ string GetFileNameWithoutExtension(string path)；返回不具有扩展名的指定路径字符串的文件名。

⑦ string GetFullPath(string path)；返回指定路径字符串的绝对路径。

⑧ string GetTempFileName()；创建磁盘上唯一命名的零字节的临时文件，并返回该文件的完整路径。

⑨ string GetTempPath()；返回当前用户的临时文件夹的路径。

Directory、File 和 Path 类，对应的命名空间为 System.IO。

程序代码如下：

```
01:  using System;
02:  using System.Windows.Forms;
03:  using System.IO;
04:
05:  namespace CSHARP13_4
06:  {
```

```
07:      public partial class Form1 : Form
08:      {
09:          private string[] directory;    //当前 ListBox 里显示的文件夹
10:          public Form1()
11:          {
12:              InitializeComponent();
13:          }
14:
15:          private void Form1_Load(object sender, EventArgs e)
16:          {
17:              foreach(var logicDriver in Directory.GetLogicalDrives())
18:              {
19:                  driverComboBox.Items.Add(logicDriver);
20:              }
21:          }
22:
23:          private void DriverComboBox_SelectedIndexChanged(object sender,
             EventArgs e)
24:          {
25:              //得到某个驱动器下的所有文件夹
26:              directory = Directory.GetDirectories(driverComboBox.Text);
27:              directoryListBox.Items.Clear();
28:              foreach(var dir in directory)
29:              {
30:                  //去掉路径名，仅显示文件夹的名字
31:                  directoryListBox.Items.Add(Path.GetFileNameWithout
                     Extension(dir));
32:              }
33:              fileListBox.Items.Clear();
34:              foreach(var file in Directory.GetFiles(driverComboBox.Text))
35:              {
36:                  //去掉路径名，仅显示文件的名字
37:                  fileListBox.Items.Add(Path.GetFileName(file));
38:              }
39:          }
40:
41:          private void directoryListBox_DoubleClick(object sender, EventArgs e)
42:          {
43:              if (directory.GetLength(0)==0)
44:                  return;   //ListBox 中没有项目
45:              //得到双击文件夹中包含的文件夹
46:              var currentDirectory = directory[
                                      directoryListBox.SelectedIndex];
```

```
47:          directory = Directory.GetDirectories(currentDirectory);
48:          directoryListBox.Items.Clear();
49:          foreach (var dir in directory)
50:          {
51:              //去掉路径名，仅显示文件夹的名字
52:              directoryListBox.Items.Add(Path.GetFileNameWithout
                  Extension(dir));
53:          }
54:          fileListBox.Items.Clear();
55:          foreach (var file in Directory.GetFiles(currentDirectory))
56:          {
57:              //去掉路径名，仅显示文件的名字
58:              fileListBox.Items.Add(Path.GetFileName(file));
59:          }
60:      }
61:   }
62: }
```

代码说明：

Directory 类的 GetLogicalDrives 方法返回所有的驱动器列表（第 17 行）。将结果放入到 Combox 控件中显示。当选择了一个驱动器后，需要列出该驱动器下的文件夹和文件。通过调用 GetDirectories 方法得到该驱动器下所有文件夹路径（第 26 行），该方法返回的结果是每一个文件夹的完整路径。而在 ListBox 中只要显示文件夹名，因此，在显示之前，对返回结果做了裁减（第 31 行）。同时，文件夹完整的路径还需要使用，简单起见，将它们存放在了一个成员变量 directory 中（第 9 行）。

运行结果如附图 C-19 所示。

附图 C-19　读出磁盘目录和文件的运行界面

例 C-7　批量文件改名。

下面的程序通过字符串替换的方法，批量更改文件名。程序界面如附图 C-20 所示。

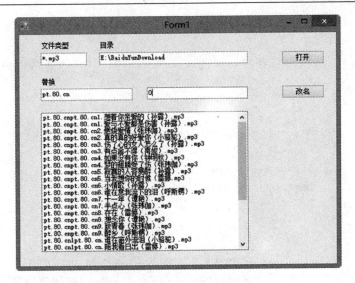

附图 C-20　批量改名程序界面

　　在该程序中，在"文件类型"下输入要寻找的文件，单击"打开"按钮，将显示一个文件夹浏览对话框。选择一个文件夹，在目录下显示该文件夹路径，ListBox 中列出所有该类型的文件。单击"改名"按钮，将在所有文件的文件名中匹配前一个文本框的字符，然后用后一个文本框的字符替换。

　　程序代码如下：

```
01:  using System;
02:  using System.Windows.Forms;
03:  using System.IO;
04:
05:  namespace replace
06:  {
07:      public partial class Form1 : Form
08:      {
09:          public Form1()
10:          {
11:              InitializeComponent();
12:          }
13:          string[] fileNames;
14:          private void getButton_Click(object sender, EventArgs e)
15:          {
16:              FolderBrowserDialog fbd = new FolderBrowserDialog();
17:              if(fbd.ShowDialog()==DialogResult.OK)
18:              {
19:                  dirTextBox.Text = fbd.SelectedPath;
20:              }
21:              fileNames = Directory.GetFiles(fbd.SelectedPath,
                     FliterTextBox.Text);
```

```
22:              foreach(var fileName in fileNames)
23:              {
24:                  fileNameListBox.Items.Add(Path.GetFileName(fileName));
25:              }
26:          }
27:
28:          private void replaceRenameButton_Click(object sender, EventArgs e)
29:          {
30:              fileNameListBox.Items.Clear();
31:              foreach(var fileName in fileNames)
32:              {
33:                  try
34:                  {
35:                      var newFileName = fileName.Replace(
36:                       replaceSourceTextBox.Text,replaceDestTextBox.Text);
37:                      File.Copy(fileName, newFileName);
38:                      File.Delete(fileName);
39:                      fileNameListBox.Items.Add(Path.GetFileName(newFile
                         Name));
40:                  }
41:                  catch { }
42:              }
43:          }
44:      }
45: }
```

▶ 注意：

File 类中并没有一个 Rename 方法，所以用了 Copy+Delete 来实现 Rename（第 37、38 行）。

参 考 文 献

1 陈中，朱代忠. 基于 STC89C52 单片机的控制系统设计. 北京：清华大学出版社，2015.

2 徐爱钧，彭秀华. KEIL CX51 V7.0 单片机高级语言编程与 μVISION2 应用实践. 北京：电子工业出版社，2007.

3 罗建军等. 大学 Visual C++程序设计案例教程. 北京：高等教育出版社，2004.

4 崔舒宁等. Visual C#大学程序设计. 北京：清华大学出版社，2016.

5 郑阿奇等. C#程序设计教程（第 3 版）. 北京：机械工业出版社，2015.

6 罗福强等. Visual C#.NET 程序设计教程. 北京：人民邮电出版社，2012.

7 蔡勇等. ASP.NET 数据库设计教程. 北京：清华大学出版社，2006.

8 李飞等. Visual C#.NET 程序设计实验教程. 北京：电子工业出版社，2012.

9 杨晓光. Visual C#.NET 程序设计. 北京：清华大学出版社，2006.

图书资源支持

感谢您一直以来对清华版图书的支持和爱护。为了配合本书的使用,本书提供配套的素材,有需求的用户请到清华大学出版社主页(http://www.tup.com.cn)上查询和下载,也可以拨打电话或发送电子邮件咨询。

如果您在使用本书的过程中遇到了什么问题,或者有相关图书出版计划,也请您发邮件告诉我们,以便我们更好地为您服务。

我们的联系方式:

地　　址:北京海淀区双清路学研大厦 A 座 707

邮　　编:100084

电　　话:010－62770175－4604

资源下载:http://www.tup.com.cn

电子邮件:weijj@tup.tsinghua.edu.cn

QQ:883604(请写明您的单位和姓名)

扫一扫
资源下载、样书申请
新书推荐、技术交流

用微信扫一扫右边的二维码,即可关注清华大学出版社公众号"书圈"。